粤港澳大湾区
外来入侵植物图谱

严岳鸿　金　红　刘金刚　主编

中国林业出版社
China Forestry Publishing House

图书在版编目（CIP）数据

粤港澳大湾区外来入侵植物图谱 / 严岳鸿，金红，刘金刚主编. -- 北京：中国林业出版社，2023.12

ISBN 978-7-5219-2458-9

Ⅰ. ①粤… Ⅱ. ①严… ②金… ③刘… Ⅲ. ①外来入侵植物－广东、香港、澳门－图集 Ⅳ. ①Q948.526.5-64

中国国家版本馆CIP数据核字(2023)第235658号

责任编辑：张华

装帧设计：北京八度出版服务机构

——————————————

出版发行：中国林业出版社

（100009，北京市西城区刘海胡同 7 号，电话 83143566）

电子邮箱：43634711@163.com

网址：www.forestry.gov.cn/lycb.html

印刷：北京博海升彩色印刷有限公司

版次：2023 年 12 月第 1 版

印次：2023 年 12 月第 1 次

开本：889mm×1194mm 1/16

印张：14

字数：365 千字

定价：128.00 元

《粤港澳大湾区外来入侵植物图谱》

编辑委员会

主　编　严岳鸿　（深圳市植物学会）

金　红　（深圳市城管宣教和发展研究中心）

刘金刚　（深圳市兰科植物保护研究中心）

副主编　郑希龙　陈晓桦　刘荣杰　王　晖

张金龙　陈红锋

编　委（按姓氏笔画排序）

王　晖　王凤攀　叶幸儿　刘金刚

刘荣杰　闫小玲　严　靖　严岳鸿

杜夏瑾　李伟杰　李卿华　杨　拓

肖丽祺　何祖霞　张　雯　张金龙

陈红锋　陈利君　陈晓桦　幸敬阳

金　红　郑希龙　袁浪兴　顾钰峰

前　言

外来生物入侵是指生物经自然或人为途径侵入自然分布范围以外，在新环境中暴发式增长，并对当地的生物多样性和生态安全造成损害的过程。随着全球化进程的不断推进，我国与世界各国的交流日益频繁，直接或间接地为外来物种的引入和入侵提供了便利，外来生物入侵问题日益凸显。

粤港澳大湾区位于我国南方沿海，是我国开放程度最高、经济活力最强的区域之一。同时，频繁的对外交流也使其成为我国生物入侵发生风险最高、防控压力最大的区域之一。以入侵植物为例，2003—2016年国家环境保护部（原国家环境保护总局，下同）发布的《中国外来入侵物种名单》（第一批至第四批，其中第四批名单改名为《中国自然生态系统外来入侵物种名单》，下同），共收录了40种对自然生态系统造成严重危害的外来入侵植物，其中30种在大湾区有分布；2022年农业农村部会同自然资源部、生态环境部、住房和城乡建设部、海关总署及国家林业和草原局组织制定的《重点管理外来入侵物种名录》，共收录了33种需要重点管理的外来入侵植物，其中23种在大湾区有分布。

粤港澳大湾区涵盖广东珠江三角洲地区的9个地级市，以及香港、澳门2个特别行政区。相关研究已分别对广州、深圳、珠海、中山、香港、澳门等地的外来植物入侵状况进行了调查。鉴于粤港澳大湾区所辖城市在地理上天然邻接、在交通上高度连接、在经济上深度融合，将其作为一个区域整体开展外来入侵植物的调查研究，不仅能够全面掌握外来植物在我国“南大门”的分布现状，更有助于推动外来物种区域性共防共治体系的建设。

结合野外调查和资料分析，本书共收录粤港澳大湾区外来入侵植物200种。虽然根据《中国外来入侵物种名单》，其中只有30种属于恶性入侵植物，然而银合欢、巴西含羞草、红花酢浆草、南美蟛蜞菊等未被列入名单的物种，已经在大湾区造成了严重危害；其余尚未表现出明显入侵性和危害性的外来植物，也不排除未来大规模暴发的可能。对于这些存在现实或潜在威胁的外来入侵植物，本书均作了介绍，并配有实地拍摄的图片以方便识别。书中被子植物的分类排序参照APG Ⅳ系统。本书可供从事外来物种调查、评估、监测与防控等相关工作的科研和管理人员参考。

本书的编撰和出版，得到了科技部科技基础资源调查专项“粤港澳大湾区植物多样性调查及评估”（2022FY100501）的资助，以及深圳市城市管理和综合执法局、深圳市规划和自然资源局等单位的支持。限于编者的精力和能力，书中难免存在纰漏之处，望读者不吝指正。

编者

2023年6月

目　录

第一章 概述

1 研究背景

当一个物种借助于人为活动或者自然力量，跨越空间障碍出现在其自然分布区或扩散潜力范围之外的时候，被称为外来种（alien species）；如果该物种能够在新栖息地生长繁殖并建立稳定的种群，就变成归化种（naturalized species）；在这些物种中，少部分种类呈现暴发式增长，威胁当地的生物多样性和生态安全，便被定义为外来入侵物种（alien invasive species）（李振宇 等，2002）。

外来物种的引入途径主要有3种：一是有意引入，即人类以农业生产、环境美化、生态环境改造等为目的，有意识地引入一些植物；二是无意引入，即人类从事国际贸易、运输、旅游等活动时，无意中将一些植物的种子或其他繁殖体带入；三是自然侵入，即植物种子通过空气流动、水体漂流或昆虫鸟类传带，发生自然迁移。调查表明，入侵我国的外来物种中，39.6%是有意引入造成的，43.9%是无意引入造成的，经自然侵入进入我国境内的仅占3.1%。人为活动是导致生物入侵的主要因素（徐海根 等，2004）。

外来物种及其入侵具有全球性，所引发的生态、经济和健康问题也越来越受到重视。2023年国际生物多样性和生态系统服务政府间科学—政策平台（Intergovernmental Science-Policy Platform on Biodiversity and Ecosystem Services，IPBES）发布的《外来入侵物种及其控制评估报告》指出，外来入侵物种是全球60%的动植物灭绝事件中的主要因素之一，并且对于16%的动植物灭绝来说是唯一的驱动因素；同时生物入侵给全球经济造成的损失也呈逐年增长的趋势，仅2019年全球生物入侵的年度成本估计超过4230亿美元。随着全球一体化的不断推进，国际人员与货物的交流日益频繁，直接或间接地为外来物种的扩散和入侵提供了便利；而气候变化、大气成分变化、土地利用格局变化等其他因素的叠加，进一步加剧了外来物种入侵的进程。

我国是生物多样性最为丰富的国家之一，同时也是遭受外来物种危害最严重的国家之一。《2020中国生态环境状况公报》显示，我国已发现外来入侵生物660余种，其中50余种属于世界自然保护联盟（IUCN）公布的全球100种最具威胁的外来入侵物种。2021年4月15日，《中华人民共和国生物安全法》正式实施，其中防范外来生物入侵被列为保障国家生物安全的重要内容之一。

入侵物种包括动物、植物和微生物等不同类群，而数量上以植物为主。根据入侵范围和危害程度，可将入侵植物进一步划分为恶性入侵类（Ⅰ级）、严重入侵类（Ⅱ级）、局部入侵类（Ⅲ级）、一般入侵类（Ⅳ级）和有待观察类（Ⅴ级）等不同等级（闫小玲 等，2014）。对于我国外来入侵植物的数量，由于评价标准和统计时间的不同，给出的数据也存在一定差异。《中国外来入侵植物名录》收录外来入侵植物464种，其中属Ⅰ～Ⅳ级的种类216种（马金双 等，2018）；中国外来入侵物种信息系统（IASC）收录外来入侵植物521种，其中属Ⅰ～Ⅳ级的种类217种（http://www.iplant.cn/ias/）；《中国外来入侵和归化植物名录（2023版）》收录入侵植物414种，但未进行评级（https://www.cvh.ac.cn/iapc/）。现阶段国家对外来入侵物种的防控集中于恶性入侵类（Ⅰ级），即在国家层面已对经济或生态环境造成巨大损失与严重影响、入侵范围超过1个自然地理区域以上的入侵物种。比如，2003—2016年，国家环境保护部先后发布了4批《中国外来入侵物种名单》，共收录了40种对自然生态系统造成严重危害的外来入侵植物；2022年农业农村部会同自然资源部、生态环境部、住房和城乡建设部、海关总署及国家林业和草原局组织制定的《重点管理外来入侵物种名录》，共收录了33种需要重点管理的外来入侵植物。值得警惕的是，外来植物到达新栖息地之后，通常会经历一段相当长的潜伏期，并不立即表现出明显的入侵性和危害性；如果在这一阶段忽视其入侵风险，待该物种完成繁殖体积累和适应性进化后，可能变得极难控制。以原产于南亚的无瓣海桑（*Sonneratia apetala*）为例，20世纪80年代我国海南地区从孟加拉国引入该种用于人工红树林营造，后来又在华南沿海种植。由于其生长迅速、适应性强，早期对我国红树林的恢复起到一定积极作用；然而随着无瓣海桑的归化和扩散，其入侵性与危害性逐渐显现出来，现已对我国本土的红树林生态系统产生威胁。因此，对于外来物种的防控，在治理恶性或严重入侵类物种的同时，应建立有效的生态风险评估体系，防患于未然。

研究表明，外来入侵物种在我国呈现沿海多、内陆少的分布格局，且港口和关口所在省份是其主要的首次引入地（王国欢 等，2017）。粤港澳大湾区地处我国“南大门”——珠江三角洲地区，同时频繁地对外交流又使其成为外来植物登陆我国的重要初始据点。现有研究已分别对大湾区的香港（吴世捷 等，2002；严岳鸿 等，2005；蒋奥林 等，2018）、澳门（王发国 等，2004）、广州（严岳鸿 等，2007；王瑞江，2019）、深圳（严岳鸿 等，2004；李建 等，2023）、珠海（黄辉宁 等，2005）、中山（蒋谦才 等，2008；李警阳，2022）、江门（魏雷 等，2022）等地的外来植物入侵状况进行了调查。鉴于粤港澳大湾区所辖的11座城市在地理上天然邻接、在交通上高度连接、在经济上深度融合，将其作为一个区域整体开展外来入侵植物调查研究，不仅能够整合各个城市零散而重复的数据材料，全面掌握外来植物在我国“南大门”的分布现状，更有助于推动外来物种区域性共防共治体系的建设。

2 研究方法

本书基于野外调查、标本查阅和文献资料研究，对粤港澳大湾区外来入侵植物的组成及分布数据进行了汇总。①研究团队于2022—2023年在粤港澳大湾区各地开展了广泛的野外调查记录；②查阅了大湾区主要标本馆馆藏的外来植物腊叶标本；③在中国外来入侵物种信息系统、中国知网等数据库以外来植物或入侵植物、广东以及大湾区11个城市的名字为关键词，检索筛查相关信息；④通过专家咨询、同行交流等方式，补充外来入侵植物的组成及分布数据，尤其是新归化物种的信息。

按照物种的分布状况和危害程度，我们对粤港澳大湾区的入侵植物进行了以下等级划分：

Ⅰ级（恶性入侵类），表示在大湾区分布范围广（各个城市均有分布）、发生频率高、常呈连片状分布、对经济和生态造成重大损失与影响的外来植物；

Ⅱ级（严重入侵类），表示在大湾区分布范围较广（超过一半城市有分布）、发生频率较高、呈连片或斑块状分布、对经济和生态造成较大损失与影响的外来植物；

Ⅲ级（局部入侵类），表示在大湾区局部分布（至少一个城市有发现）、目前发生频率较低、呈零星分布、对经济和生态造成一定损失与影响的外来植物；

Ⅳ级（一般入侵类），表示在大湾区的分布无论是广泛还是狭窄，其生物学特性已经确定其危害性不明显、难以形成新发展趋势、对经济和生态造成的损失与影响有限的外来植物；

Ⅴ级（有待观察类），表示在其他文献中已被列为入侵种，但是在大湾区尚处于归化状态，暂未对经济和生态造成损失与影响，或者因了解有限而无法确定未来发展趋势的外来植物。

3 粤港澳大湾区外来入侵植物现状

3.1 入侵植物的组成

本书共收录粤港澳大湾区外来入侵植物50科137属200种。在科的组成上，物种数量超过10的类群有菊科（34种，占比17%）、豆科（27种，占比13.5%）、禾本科（17种，占比8.5%）、苋科（11种，占比5.5%）、旋花科（11种，占比5.5%）。菊科、豆科和禾本科的种子量大且体积小，易于传播扩散，因而能够快速占据生境并蔓延扩散，成为粤港澳大湾区入侵植物中的优势类群。

粤港澳大湾区外来入侵植物的科占总数比

科	种数	占比（%）	科	种数	占比（%）
菊科	34	17	落葵科	2	1.0
豆科	27	13.5	土人参科	2	1.0
禾本科	17	8.5	伞形科	2	1.0
苋科	11	5.5	凤尾蕨科	1	0.5
旋花科	11	5.5	莼菜科	1	0.5
大戟科	9	4.5	胡椒科	1	0.5
茄科	9	4.5	雨久花科	1	0.5
茜草科	6	3.0	罂粟科	1	0.5
爵床科	5	2.5	小二仙草科	1	0.5
锦葵科	4	2.0	远志科	1	0.5
车前科	4	2.0	大麻科	1	0.5
唇形科	4	2.0	荨麻科	1	0.5
景天科	3	1.5	酢浆草科	1	0.5
马鞭草科	3	1.5	牻牛儿苗科	1	0.5
莎草科	3	1.5	无患子科	1	0.5
十字花科	3	1.5	白花菜科	1	0.5
叶下珠科	3	1.5	番杏科	1	0.5
槐叶蘋科	2	1.0	商陆科	1	0.5
天南星科	2	1.0	紫茉莉科	1	0.5
石蒜科	2	1.0	马齿苋科	1	0.5
葫芦科	2	1.0	仙人掌科	1	0.5
秋海棠科	2	1.0	夹竹桃科	1	0.5
西番莲科	2	1.0	母草科	1	0.5
千屈菜科	2	1.0	桔梗科	1	0.5
柳叶菜科	2	1.0	五加科	1	0.5

3.2 入侵植物的原产地

统计结果显示，粤港澳大湾区200种外来入侵植物中，来源于美洲（含北美洲和南美洲）的种类最多，达147种，占比73.5%；其次为非洲22种，占比11.0%；亚洲（中国以外的国家或地区）12种，占比6.0%；跨两个以上大洲的物种11种，占比5.5%；欧洲3种，占比1.5%；大洋洲2种，占比1.0%（图1）。另有3种原产地不详。外来物种容易入侵与其来源地气候条件和生态环境相似的区域。粤港澳大湾区温暖湿润的南亚热带季风气候与美洲热带、亚热带气候相似，有利于外来植物的定居和扩散。原产于欧洲及大洋洲的外来植物占比低，可能因为两洲为海洋季风性气候，植物多喜温凉，不适应粤港澳大湾区的气候条件。

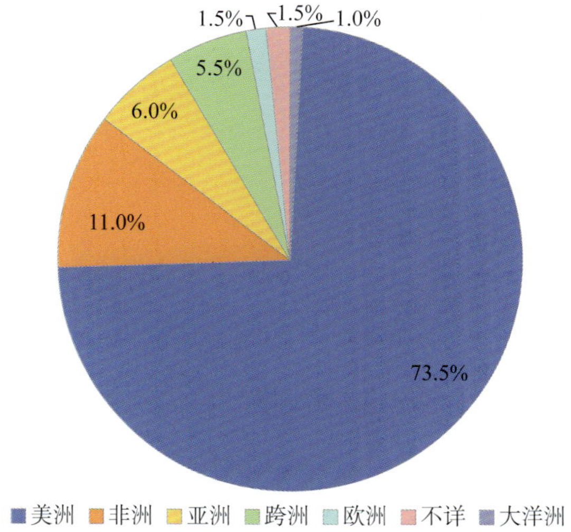

图1 粤港澳大湾区外来入侵植物原产地分析

3.3 入侵植物的入侵等级

本书将粤港澳大湾区入侵植物划分为5级，其中Ⅰ级（恶性入侵类）有5种，占比2.5%，包括微甘菊（*Mikania micrantha*）、五爪金龙（*Ipomoea cairica*）、马缨丹（*Lantana camara*）、白花鬼针草（*Bidens alba*）和光荚含羞草（*Mimosa bimucronata*）；Ⅱ级（严重入侵类）25种，占比12.5%；Ⅲ级（局部入侵类）47种，占比23.5%；Ⅳ级（一般入侵类）59种，占比29.5%；Ⅴ级（有待观察类）64种，占比32.0%（图2）。

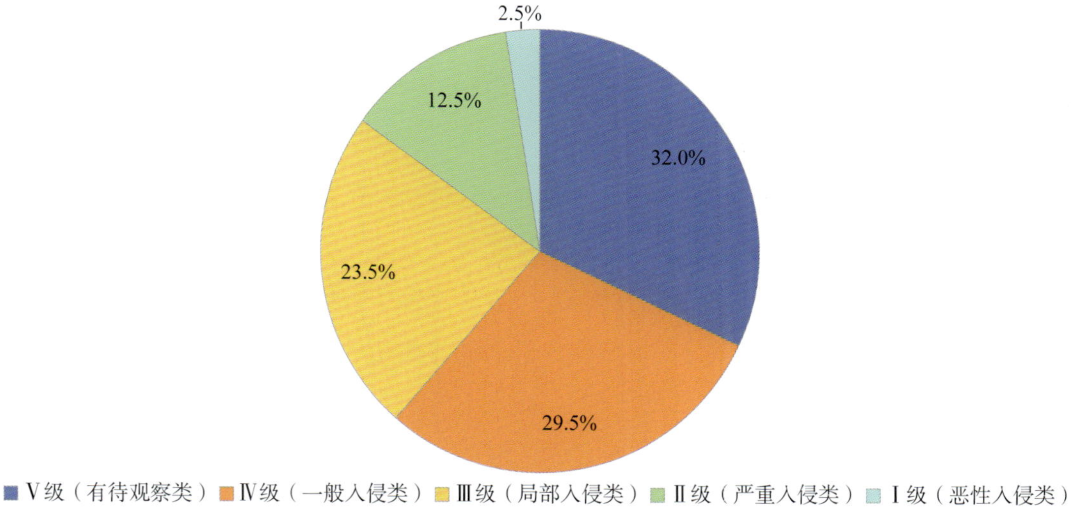

图2 粤港澳大湾区外来入侵植物入侵等级分析

3.4 入侵植物的生活型

植物生活型可分为草本、藤本、灌木和乔木4种（《中国植被》编辑委员会，1980）。粤港澳大湾区外来入侵植物中，草本植物有175种，占比最高（87.5%），灌木、藤本和乔木分别为15种（占比7.5%）、8种（占比4.0%）和2种（占比1.0%）（图3）。相对藤本、灌木和乔木，草本是更进化的类型，具有较强的适应能力（严岳鸿 等，2005）。草本植物生长周期短，繁殖迅速，能更快完成适应性进化和繁殖体积累，因此更容易在当地形成入侵。

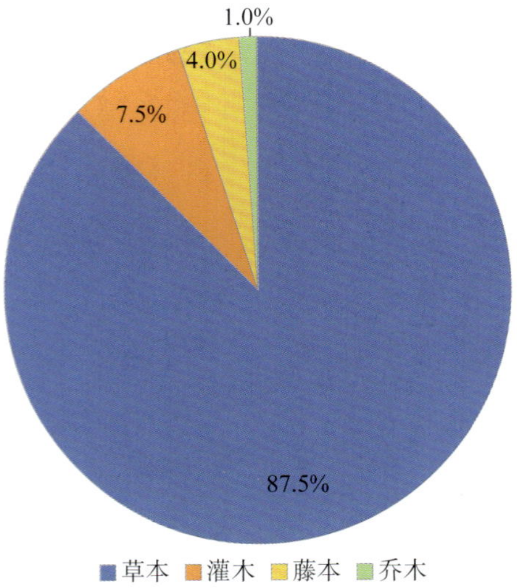

图3 粤港澳大湾区外来入侵植物生活型分析

4 防治措施

外来入侵植物的防治包括3个层面：防范外来有害植物的引入、抑制外来归化植物的扩散、实现对已入侵植物的有效治理。防治措施的制定，应建立在对入侵机制的深入了解之上。一般认为，外来植物能否成功入侵一个新栖息地，取决于3个因素：繁殖体压力、外来植物的入侵力和新栖息地的可入侵性（Lonsdale，1999；Theoharides et al.，2007）。

繁殖体压力即释放到新栖息地的繁殖体的数量、质量和频次。繁殖体压力越大，生物入侵的潜力就越大，成功入侵的可能性就越高（陈中义 等，2008）。繁殖体压力解释了外来入侵物种在我国呈现沿海多、内陆少分布格局的原因，也指出了防范生物入侵的关键——严格监管外来植物的引入渠道，从源头上减少入侵风险。

较强的入侵力是外来物种成功入侵的内因。这种强入侵能力既可能是“天生”的，即物种天然具有某些内在优势，决定了它们能够成为入侵种；也可能是“后天”的，即物种在被引入后发生了适应性进化，形成了很强的入侵力。对于入侵力的研究，首先有助于判断外来植物的入侵可能性，鉴别出潜在入侵物种，为生物入侵的早期预警提供依据；其次能够在外来植物进入暴发期后，制定针对性的治理策略，防止其危害进一步加剧。

新栖息地具有较高的可入侵性是外来物种成功入侵的外因。生境条件对于外来植物能否成功入侵至关重要。以华南地区危害最为严重的入侵植物微甘菊、五爪金龙、马缨丹、光荚含羞草为例，它们通常入侵荒地、农田、果园、公园绿地、人工林、道路两侧和林缘地带，而对发育完好、未受破坏的森林生态系统则难以入侵。因此，防止外来植物入侵的首要任务是保护好本地的自然生态系统，尽量减少对自然生态系统的过度干扰。对于人工林、残次林等低效林，可开展林分改造工程，增加物种多样性，提高其对生物入侵的抵抗力。

5 开发和利用

生物入侵是从人类利益角度出发产生的概念。如果能够有效发掘入侵植物的可利用价值，则有可能实现变害为宝，将有害物种转变为生物资源。入侵植物的开发利用是入侵生物学关注的重要课题之一。早期研究一般从食用性、药用性、杀菌杀虫作用、化感抑制作用、生态修复作用等角度对入侵植物的价值进行探讨。即使对于微甘菊、紫茎泽兰（*Ageratina adenophora*）、凤眼莲（*Eichhornia crassipe*s）、光荚含羞草（*Mimosa bimucronata*）等恶性入侵植物，学者们仍发掘出一定的可利用价值。比如，微甘菊的提取物可抑制害虫消化酶的活性，使昆虫产生拒食作用（Cen et al., 2005）；紫茎泽兰可就地制成优质的有机肥（成艳华 等, 2023）；凤眼莲的提取物对藻类植物有明显的抑制作用（舒阳 等, 2006）；马缨丹所含的马缨丹甲素和马缨丹乙素具有抗肿瘤活性（马伟杰 等, 2004）。近期，贵州大学王兵课题组提出将入侵植物整体作为生物能源和原料，用以制备具有农业土壤改良和环境修复作用的生物炭，实现对入侵植物的资源化利用（Feng et al., 2021）。然而，这些价值尚不足以支撑入侵植物的规模化采集和产业化利用，因此也未能有效减轻入侵植物在生态、经济和健康方面的负面影响。综合来看，目前对于入侵植物的开发利用尚处于理论探讨阶段，距离实践应用还有很长的路要走。

第二章 各论

细叶满江红 *Azolla filiculoides* Lam.

俗名：蕨状满江红、细绿蘋、细满江红

鉴别特征：小型漂浮蕨类。植株较粗壮，侧枝腋外生出。叶小，互生，无柄，覆瓦状排列成两行；当生境的水减少变干或植株过于密集拥挤时，植物体会由平卧变为直立状态生长。孢子果双生于分枝处，大孢子囊外壁有3个浮膘，小孢子囊内的泡胶块上有锚状毛。

原产地：美洲。

入侵等级：V级，有待观察。多栽培于植物园、公园的水体中，已逸为野生。

危害：繁殖速度极快，能快速覆盖水面，掠夺其他水生生物的生存空间，还会阻隔水道，恶化水质。

利用：栽培供观赏，亦可用作稻田绿肥和禽畜饲料。

分布：深圳、广州。

速生槐叶蘋 *Salvinia molesta* D. Mitch.

俗名：人厌槐叶蘋

鉴别特征：多年生漂浮蕨类。茎细长而横走，无根。叶3枚轮生，2枚浮在水面上，1枚沉在水中呈须根状；浮水叶二型：空间充足时，叶片小而薄，平贴水面；生长密集时，叶片变大变厚，略呈褶迭状；叶片上有许多突起，每一突起具有一总柄，先端分成4条分枝毛。孢子果簇生于沉水叶的基部。

原产地：南美洲。

入侵等级：V级，有待观察。多栽培于植物园、公园的水体中，已逸为野生。

危害：主要以营养方式繁殖，覆盖水面后，仍会不断增长，而且愈长愈厚，阻绝阳光照射，使水下植物无法进行光合作用；同时阻绝空气交换，使得水栖动物缺氧死亡。

利用：栽培供观赏。

分布：香港、深圳。

粉叶蕨 *Pityrogramma calomelanos* (L.) Link

异名：*Acrostichum calomelanos* L.、*Gymnogramma calomelanos* (L.) Kaulf.

鉴别特征：多年生地生蕨类。根状茎短。叶簇生，叶片二回羽状，羽片近对生至互生，背面密被白色蜡质粉末。孢子囊群线形，沿小脉着生，成熟时满布小羽片背面，无囊群盖。

原产地：热带美洲。

入侵等级：Ⅳ级，一般入侵。作为观赏植物引入，已逸为野生。

危害：扩散速度快，抢占村边、林缘湿润处的生态位，排挤当地物种。

利用：栽培供观赏。

分布：香港、深圳、惠州、广州、珠海。

水盾草 *Cabomba caroliniana* A. Gray

俗名：竹节水松　异名：*Nectris caroliniana* (A. Gray) Steud.

鉴别特征：多年生水生草本。茎细长。叶二型：沉水叶具叶柄，对生，扇形，二叉分裂，裂片线形；浮水叶在花枝上互生，狭椭圆形，盾状着生。花生于叶腋，花瓣6，白色或淡紫色，基部黄色。

原产地：美洲。

入侵等级：V级，有待观察。列入《重点管理外来入侵物种名录》。作为水生观赏植物引入，已逸为野生。

危害：生长繁殖迅速，排挤当地水生植物。

分布：大湾区各地常见栽培，香港、广州有逸生。

草胡椒 *Peperomia pellucida* (L.) Kunth

异名：*Piper pellucidum* L.

鉴别特征：一年生肉质草本。茎直立，多分枝，下部节上常生不定根。叶互生，叶片半透明，阔卵形或卵状三角形，基部心形。穗状花序顶生及与叶对生，花疏生。浆果球形。

原产地：热带美洲。

入侵等级：Ⅲ级，局部入侵。

危害：繁殖能力强，常随带土苗木扩散，容易在墙脚、路边湿润处蔓延成片，排挤当地植物，影响生物多样性。

利用：全草入药，有散瘀止痛之功效；还可食用。

分布：澳门、香港、广州、深圳、惠州、佛山、肇庆、中山、江门。

大薸 *Pistia stratiotes* L.

俗名：水白菜　　异名：*Zala asiatica* Lour.

鉴别特征：水生漂浮草本。根多数，须状，长而悬垂。叶簇生成莲座状，叶片在不同生长阶段形态差异明显，倒三角形、倒卵形、扇形至倒卵状长楔形，先端截状或浑圆，两面被毛，基部尤为浓密；叶脉扇状伸展，背面明显隆起呈褶皱状。佛焰苞白色，外被茸毛。

原产地：美洲。

入侵等级：Ⅱ级，严重入侵。列入《中国外来入侵物种名单》(第二批)。

危害：无性繁殖能力强，生长速度快，根系会大量消耗水里的氧气，致使水栖生物窒息死亡；成片生长时还会堵塞航道，影响航运和渔业生产。

利用：全株入药，外敷治无名肿毒，煮水可洗汗瘢、血热作痒、消跌打肿痛；还可作猪饲料。

分布：大湾区各地。

合果芋 *Syngonium podophyllum* Schott

俗名：白果芋

鉴别特征：多年生蔓生或攀缘草本。茎具乳汁，节上生气生根。叶互生，多型：幼株叶片心形，常具白斑，之后渐变为箭形或戟形，成长叶鸟足状。花序多枚生于叶腋，佛焰苞长于肉穗花序。聚合果卵球形，成熟时红褐色。

原产地：热带美洲。

入侵等级：Ⅳ级，一般入侵。作为观赏植物引入，已逸为野生。

危害：在城市森林、次生林中成片生长，遮盖地面，攀爬树木，侵占当地植物的生存空间。

分布：大湾区各地有栽培或逸生。

葱莲 *Zephyranthes candida* Herb.

俗名：葱兰、玉帘、白花菖蒲莲　异名：*Amaryllis candida* Lindl.、*Argyropsis candida* (Herb.) M. Roem.

鉴别特征：多年生草本。鳞茎卵形，具有明显的颈部。叶数枚簇生，狭线形，肥厚。花单生于花莛顶端，下有佛焰苞状总苞；花白色，花被片6。蒴果近球形。

原产地：南美洲。

入侵等级：Ⅴ级，有待观察。作为观赏植物引入，已逸为野生。

危害：鳞茎难清除，侵入农田可影响作物生长；全株含生物碱，误食可中毒。

分布：香港、广州、深圳、中山、珠海、佛山、肇庆。

韭莲 *Zephyranthes carinata* Herb.

俗名：红花葱兰、韭菜莲、韭菜兰　　异名：*Zephyranthes grandiflora* Lindl.

鉴别特征：多年生草本。鳞茎卵球形。基生叶数枚簇生，线形，扁平。花单生于花莛顶端，下有佛焰苞状总苞；花红色或粉红色，花被片6。蒴果近球形。

原产地：热带美洲。

入侵等级：V级，有待观察。作为观赏植物引入，已逸为野生。

危害：鳞茎难清除，侵入农田可影响作物生长；全株含生物碱，误食可中毒。

利用：可作药用，有散热解毒、活血凉血之功效。

分布：香港、深圳、广州、肇庆。

凤眼莲 *Pontederia crassipes* Mart.

俗名：水葫芦、水浮莲、凤眼蓝　　异名：*Eichhornia crassipes* (Mart.) Solms

鉴别特征：多年生浮水草本。茎极短，具长匍匐枝，与母株分离后生出新植株。叶基生，莲座状，宽卵形或菱形全缘，光亮，具弧状脉；叶柄长短不等，中部膨胀成囊状，内有气室。花序穗状；花被片6，淡紫色，上方一枚中央具深蓝色块斑，块斑中央又有1黄色圆斑。

原产地：南美洲。

入侵等级：Ⅱ级，严重入侵。列入《中国外来入侵物种名单》（第一批）。

危害：无性繁殖速度极快，在水体中密集生长，导致透光量严重不足、溶氧量减少，危害水生生物；阻断航道，影响航运。

利用：全草可作饲料；药用有清凉解毒、除湿祛风热等功效，外敷治热疮；还可用于净化水中汞、镉、铅等有害物质。

分布：大湾区各地。

风车草 *Cyperus involucratus* Rottb.

俗名：旱伞草　　异名：*Cyperus alternifolius* subsp. *flabelliformis* Kük.、*Cyperus flabelliformis* Rottb.

鉴别特征：多年生草本。根状茎短，须根坚硬。秆密集丛生，近圆柱形。无叶或仅有短叶。叶状苞片多枚，螺旋状排列成伞状；长侧枝聚伞花序通常二次复出，有多数辐射枝，小穗密生于辐射分枝上端。

原产地：非洲。

入侵等级：Ⅴ级，有待观察。作为观赏植物引入，已逸为野生。

危害：常密集丛生，侵占淡水湿地生境，降低当地湿生植物的多样性。

利用：栽培供观赏；药用有活血、解毒之功效。

分布：香港、广州、深圳、珠海、肇庆。

苏里南莎草 *Cyperus surinamensis* Rottb.

鉴别特征：一年生或多年生草本。秆丛生，近圆柱形。叶短于秆，平展或折叠“V”字形。叶状苞片3~8枚，平展或折叠“V”字形；长侧枝聚伞花序通常二次复出，辐射枝长短不一，小穗状花序紧缩。

原产地：美洲。

入侵等级：Ⅲ级，局部入侵。

危害：繁殖速度快，常成片密集生长，危害浅水湿地的生物多样性。

分布：香港、广州、深圳、惠州、东莞、珠海。

水蜈蚣 ***Kyllinga polyphylla*** Willd. ex Kunth

异名：*Cyperus aromaticus* (Ridl.) Mattf. & Kük.、*Kyllinga aromatica* Ridl.

鉴别特征：多年生草本。根茎近圆柱形，匍匐平卧。秆丛生，三棱形。叶簇生于下部，短于秆，线形。叶状苞片5～7枚，平展；花序头状，顶生，单一。

原产地：非洲。

入侵等级：Ⅳ级，一般入侵。在香港的入侵情况较为严重。

危害：常成片密集生长，排挤当地植物。

分布：香港。

野燕麦 *Avena fatua* L.

俗名：燕麦草、乌麦、南燕麦　异名：*Avena fatua* subsp. *meridionalis* Malzev、*Avena meridionalis* (Malzev) Roshev.

鉴别特征：一年生草本。秆直立，光滑无毛。叶片微粗糙，或疏生柔毛。圆锥花序金字塔形；小穗具2～3小花，小穗柄下垂；外稃坚硬，芒自稃体中部稍下处伸出，膝曲，扭转。

原产地：欧洲。

入侵等级：Ⅳ级，一般入侵。列入《中国自然生态系统外来入侵物种名单》(第四批)。

危害：适应性强、繁殖率高，与其他植物争夺水肥、光照和生长空间，危害当地植物生长。

分布：香港、深圳、肇庆。

地毯草 *Axonopus compressus* (Sw.) P. Beauv.

俗名：大叶油草　　异名：*Milium compressum* Sw.、*Paspalum compressum* (Sw.) Raspail

鉴别特征：多年生草本。植株具长匍匐枝，秆压扁。叶鞘松弛，基部叶鞘常套叠，压扁，近鞘口边缘疏生纤毛。总状花序2～5枚，指状排列在主轴上。

原产地：美洲。

入侵等级：Ⅴ级，有待观察。作为草坪用草引入，已逸为野生。

危害：匍匐茎繁殖快，难拔出，易侵占当地植物的生存空间。

利用：匍匐枝有固土作用，是一种良好的保土植物；秆叶柔嫩，可作牧草。

分布：大湾区各地常见栽培，亦见逸生。

巴拉草 ***Brachiaria mutica*** (Forssk.) Stapf

异名：*Urochloa mutica* (Forssk.) T. Q. Nguyen

鉴别特征：多年生草本。秆粗壮，基部膝曲或横卧地面，节上密被长柔毛。叶鞘被长柔毛；叶片宽线形，扁平，两面光滑。圆锥花序由10～15枚总状花序组成；小穗椭圆形，绿色的或带紫色，无毛。

原产地：非洲。

入侵等级：Ⅱ级，严重入侵。

危害：生长扩散迅速，常成片密集丛生，破坏水鸟和鱼类的繁殖栖息地，降低生物多样性。

利用：可作牧畜青饲料。

分布：澳门、香港、广州、深圳、珠海、惠州、东莞。

蒺藜草 *Cenchrus echinatus* L.

鉴别特征：一年生草本。秆基部膝曲或横卧地面，节处生根。叶鞘松弛，压扁，具脊，近边缘处有密细纤毛；叶片线形，上面粗糙。总状花序直立；不育小枝形成的刚毛常部分愈合成刺苞，刺苞呈稍扁圆球形，有刚毛轮状着生。

原产地：美洲。

入侵等级：Ⅱ级，严重入侵。列入《中国外来入侵物种名单》（第二批）。

危害：生长迅速，繁殖能力强，侵占当地植物的生存空间，降低生物多样性；刺苞易刺伤人畜。

分布：大湾区各地。

多花黑麦草 *Lolium multiflorum* Lam.

鉴别特征：一年生或多年生草本。秆直立或基部卧地，节上生根。叶鞘疏松；叶片扁平，无毛。穗形总状花序，小穗含10～15小花；颖披针形，质地较硬，具狭膜质边缘，顶端钝；外稃长圆状披针形，顶端膜质透明，具短细芒，或上部小花无芒。

原产地：欧洲。

入侵等级：Ⅴ级，有待观察。作为牧草引入我国，已扩散至华南地区。

危害：繁殖能力极强，侵占当地植物的生存空间。

利用：可作优良牧草。

分布：广州、肇庆。

糖蜜草 *Melinis minutiflora* P. Beauv.

异名：*Panicum melinis* Trin.、*Panicum minutiflorum* (P. Beauv.) Raspail

鉴别特征：多年生草本。全株密被腺毛，有糖蜜味。秆多分枝，基部平卧，上部斜升，节上具柔毛。叶鞘疏被长柔毛；叶片线形，叶缘具睫毛。圆锥花序开展，末级分枝纤细，弓曲；小穗卵状椭圆形，第一小花退化，外稃裂齿间具1纤细长芒。

原产地：非洲。

入侵等级：Ⅳ级，一般入侵。

危害：种子量大，繁殖能力强，常成片密集丛生，危害当地植物生长。

利用：可作坡地水土保持的先锋草种；分泌物具有驱蚊、驱蝇的作用。

分布：香港、广州、深圳、惠州。

红毛草 ***Melinis repens*** (Willd.) Zizka

异名：*Rhynchelytrum repens* (Willd.) C. E. Hubb.、*Saccharum repens* Willd.

鉴别特征：多年生草本。秆丛生，常分枝，节间常具疣毛，节具软毛。叶鞘松弛，下部散生疣毛；叶片线形。圆锥花序开展，分枝纤细；小穗柄纤细弯曲，顶端稍膨大；小穗被粉红色绢毛。

原产地：非洲。

入侵等级：Ⅲ级，局部入侵。

危害：扩散能力强，侵占当地植物的生存空间；植株干燥时易引发火灾。

利用：全草入药，有清肺热、消肿毒之功效。

分布：澳门、香港、广州、深圳、珠海、江门、中山。

大黍 ***Panicum maximum*** Jacq.

异名：*Megathyrsus maximus* (Jacq.) B. K. Simon & S. W. L. Jacobs

鉴别特征：多年生草本。秆直立，粗壮，节上密生柔毛。叶片宽线形，边缘粗糙。圆锥花序大而开展，分枝纤细，下部的轮生，上部的互生；小穗长圆形。

原产地：非洲。

入侵等级：Ⅲ级，局部入侵。

危害：根茎坚韧，繁殖能力强，常成片密集生长，排挤当地植物；同时是许多作物病虫害的替代宿主。

利用：可作为优良牧草。

分布：大湾区各地。

铺地黍 *Panicum repens* L.

俗名：硬骨草

鉴别特征：多年生草本。根茎粗壮发达。秆直立或下部匍匐，坚挺，节上无毛。叶鞘边缘被纤毛，叶舌先端具长纤毛；叶片质硬，条形，两面无毛或上面疏被长硬毛，干时常内卷。圆锥花序开展，分枝斜上。小穗长圆形。

原产地：欧洲、非洲。

入侵等级：Ⅱ级，严重入侵。

危害：分蘖繁殖能力强，常成片密集丛生，排挤当地物种；根系发达，难清除。

利用：可作高产牧草。

分布：大湾区各地。

两耳草 *Paspalum conjugatum* P. J. Bergius

鉴别特征：多年生草本。植株具长匍匐茎，秆在匍匐茎的节上疏丛生。叶片条状披针形，两面无毛或仅边缘具毛。总状花序2枚，纤细，叉状排列，开展。小穗卵形，覆瓦状排列成两行。

入侵等级：Ⅲ级，局部入侵。

原产地：美洲。

危害：繁殖能力强，扩散迅速，常成片密集丛生，排挤当地植物。

分布：大湾区各地。

毛花雀稗 ***Paspalum dilatatum*** Poir.

鉴别特征：多年生草本。植株具短根状茎，秆丛生，直立，粗壮。叶片线形，无毛。总状花序4～10枚着生于主轴上，形成大型圆锥花序，分枝腋间具长柔毛；小穗卵形。

原产地：南美洲。

入侵等级：Ⅳ级，一般入侵。

危害：根系发达，根茎繁殖能力强，威胁当地植物生长。

利用：可作牧草。

分布：香港、广州。

丝毛雀稗 ***Paspalum urvillei*** **Steud.**

鉴别特征：多年生草本。植株具短根状茎，秆丛生，粗壮。叶鞘密生糙毛，鞘口具长柔毛。总状花序10～20枚组成圆锥花序；小穗卵形，颖片膜质，背面有贴伏短柔毛，边缘密生丝状柔毛。

原产地：南美洲。

入侵等级：Ⅲ级，局部入侵。

危害：植株高大，根茎繁殖能力强，可形成密集种群，威胁当地植物生长；可被雀稗麦角菌感染而具毒性，危害牲畜健康。

利用：可作牧草。

分布：香港、广州、深圳、惠州。

牧地狼尾草 ***Pennisetum polystachion*** (L.) Schult.

异名：*Setaria parviflora* (Poir.) Kerguélen

鉴别特征：多年生草本。根茎短，秆丛生，高1～1.5米。叶片线形。圆锥花序紧缩成圆柱状，黄色至紫色；小穗基部围以总苞状的刚毛，刚毛不等长，外圈者较细短，内圈者有羽状绢毛。

原产地：非洲。

入侵等级：Ⅳ级，一般入侵。

危害：繁殖能力强，常密集丛生，侵占当地植物的生存空间，降低生物多样性。

利用：可作牧草和造纸原料。

分布：澳门、香港、深圳、珠海。

象草 ***Pennisetum purpureum*** Schumach.

俗名：紫狼尾草　　异名：*Cenchrus purpureus* (Schumach.) Morrone

鉴别特征：多年生草本。根茎短，秆丛生，高2～4米。叶片线形，质较硬，上面疏生刺毛，边缘粗糙。圆锥花序紧缩成圆柱状；小穗通常单生或2～3簇生，基部围以总苞状刚毛；刚毛呈羽毛状，通常金黄色，稀带褐色或紫色。

原产地：非洲。

入侵等级：Ⅲ级，局部入侵。

危害：植株高大，常成片密集丛生，侵占当地植物的生存空间，堵塞水道。

利用：可作为饲料。

分布：澳门、广州、深圳、东莞、珠海、中山、江门。

石茅 *Sorghum halepense* (L.) Pers.

俗名：假高粱

鉴别特征：多年生草本。植株具发达的长根茎。叶片线形至线状披针形，两面无毛。圆锥花序由多数总状花序组成，分枝细弱；总状花序节间易折断；无柄小穗椭圆形或卵状椭圆形，顶端稍钝，具明显的3小齿。

原产地：欧洲、非洲、亚洲。

入侵等级：Ⅲ级，局部入侵。列入《中国外来入侵物种名单》(第一批)。

危害：根茎发达，繁殖能力强，根茎分泌物和腐烂的叶子会抑制作物种子的萌发，危害当地植物生长；嫩芽含较高的氰化物，误食易引起牲畜中毒；同时是多种作物害虫的中间宿主。

利用：可作饲料和造纸原料。

分布：香港、广州、肇庆。

互花米草 ***Sporobolus alterniflorus*** (Loisel.) P. M. Peterson

异名：*Spartina alterniflora* Loisel.

鉴别特征：多年生草本。茎秆粗壮，密聚成丛。叶片线状披针形，质硬，具盐腺，叶表有白色粉状的盐霜出现。多枚穗状花序在主轴上呈总状排列；小穗无柄，含1小花，覆瓦状排列于穗轴上。

原产地：美洲大西洋沿岸。

入侵等级：Ⅲ级，局部入侵。列入《中国外来入侵物种名单》（第一批）。珠海淇澳岛作为消浪固滩植物引入，后经人工清除与生物治理，已控制其扩散。

危害：植株根系发达、茎秆密集，繁殖能力强，破坏近海生物栖息环境，影响滩涂养殖；堵塞航道，影响船只出港；阻塞海水交换，导致水质下降，并诱发赤潮；威胁本土海岸生态系统，致使大片红树林消失。

利用：可作肥料、饲料、燃料或造纸原料。

分布：深圳、珠海。

大米草 *Sporobolus anglicus* (C. E. Hubb.) P. M. Peterson & Saarela

异名：*Spartina anglica* C. E. Hubb.

鉴别特征：多年生草本。秆直立，密聚成丛。叶舌具白色纤毛，叶片线形。穗状花序2～6枚，总状着生于主轴上；穗状花序劲直，先端常延伸成芒刺状；小穗单生，长卵状披针形，无柄，成熟时整个脱落。

原产地：欧洲。

入侵等级：Ⅴ级，有待观察。广东沿海地区少量引种。

危害：繁殖能力强，侵占沿海滩涂，致使红树林消亡；降低水体含氧量，导致生物窒息死亡；诱发赤潮、阻塞航道。

利用：可作饲料、绿肥、燃料或造纸原料。

分布：珠海。

蓟罂粟 *Argemone mexicana* L.

俗名：老鼠蓟

鉴别特征：一年生草本。基生叶密聚，叶片羽状深裂，裂片具波状尖刺齿，沿脉生尖刺，表面绿色，沿脉两侧灰白色；茎生叶互生，无柄，常半抱茎。花单生于短枝顶，花瓣6，黄色或橙黄色；花柱深红色。蒴果长圆形，疏被黄褐色的刺。

原产地：热带美洲。

入侵等级：Ⅴ级，有待观察。作为观赏植物引入，已逸为野生。

危害：黄色液汁含生物碱，种子有毒；植株可刺伤人畜。

利用：可作药用，有祛湿利胆、祛痰利湿之功效。

分布：澳门、深圳、珠海。

大叶落地生根 *Kalanchoe daigremontiana* Raym.-Hamet & H. Perrier

异名：*Bryophyllum daigremontianum* (Raym.–Hamet & H. Perrier) A. Berger

鉴别特征：多年生草本。叶对生，肉质，长三角形，叶上具不规则的褐紫斑纹，边缘有粗齿，缺刻处生不定芽，落地生根而成新的植株。聚伞圆锥花序顶生；萼片钟状，4裂；花冠管状，淡紫色，檐部4裂。

原产地：非洲（马达加斯加）。

入侵等级：V级，有待观察。大湾区海边沙地及村边见逸生。

危害：通过营养繁殖迅速扩大种群，侵占当地植物的生存空间。

分布：香港。

棒叶落地生根 *Kalanchoe delagoensis* Eckl. & Zeyh.

俗名：洋吊钟　　异名：*Bryophyllum delagoense* (Eckl. & Zeyh.) Druce

鉴别特征：多年生草本。茎直立，稍肉质，不分枝，绿褐色带紫褐色斑点。叶3枚轮生或对生，交叉排列；叶片圆棒形，先端具数个羽状排列的小尖齿，缺刻处生不定芽，落地生根而成新的植株。聚伞圆锥花序顶生，伞房状；花冠橙红色或紫红色，裂片4。

原产地：非洲（马达加斯加）。

入侵等级：Ⅳ级，一般入侵。

危害：生长速度快、适应性强，可通过营养繁殖迅速扩散，侵占当地植物的生存空间。

分布：香港、广州、深圳、肇庆、江门、中山、惠州。

落地生根 ***Kalanchoe pinnatum*** (Lam.) Pers.

俗名：打不死　　异名：*Bryophyllum pinnatum* (Lam.) Oken

鉴别特征：多年生草本。茎肉质，有时基部木质化，多少分枝。叶对生，单叶或为羽状复叶而有小叶3～5片；叶片卵形至卵状长圆形，边缘具圆齿，缺刻处生不定芽，落地生根而成新的植株。聚伞圆锥花序顶生，花大而下垂；花萼筒状，淡橙红色、淡紫色或淡绿色；花冠管状，淡红色或紫红色，裂片4。

原产地：非洲（马达加斯加）。

入侵等级：Ⅳ级，一般入侵。常作观赏植物栽培，已逸为野生。

危害：生长速度快、适应性强，可通过营养繁殖扩大种群，侵占当地植物的生存空间。

利用：全草入药，可解毒消肿、活血止痛、拔毒生肌。

分布：大湾区各地。

粉绿狐尾藻 *Myriophyllum aquaticum* (Vell.) Verdc.

俗名：大聚藻

鉴别特征：多年生挺水或沉水草本。叶二型，一回羽状，轮生，每轮4～6枚；沉水叶须根状，细长柔弱；挺水叶粉绿色，小叶丝状线形。雌雄异株，穗状花序腋生，缩短为头状；花细小，白色。

原产地：南美洲亚马孙流域。

入侵等级：Ⅲ级，局部入侵。作为观赏植物引入，已大面积扩散至自然水域。

危害：在适宜水域大量繁殖，遮蔽水体，严重影响水域生态，降低物种多样性。

分布：香港、深圳、广州、珠海。

敏感合萌 *Aeschynomene americana* L.

俗名：美洲合萌

鉴别特征：多年生草本或亚灌木。茎直立，多分枝，密被黏性柔毛。羽状复叶互生，具小叶15～20对，叶片线状椭圆形，纸质，基部斜。花序腋生，总状，常分枝；花萼先端深2裂；花蝶形，花冠淡橙红色，旗瓣基部有一黄色斑块及紫色条纹。荚果条形，背缝线于种子间缢缩，腹缝直。

原产地：美洲。

入侵等级：Ⅳ级，一般入侵。

危害：对环境适应性高，耐水淹，常在海滨地带和次生荒地成片生长。

分布：香港、广州。

卵叶链荚豆 *Alysicarpus ovalifolius* (Schumach.) J. Léonard

异名：*Hedysarum ovalifolium* Schumach.

鉴别特征：一年生草本。叶互生，二型，基部叶长椭圆形或椭圆形，向上逐渐变为狭披针形，先端圆至凹。花2朵生于每节上，排成松散的总状花序；花蝶形，淡紫红色。荚果细长圆柱形，4～7节。

原产地：非洲、南亚。

入侵等级：V级，有待观察。

危害：在海岸带成片密集生长，侵占当地植物的生存空间。

利用：可作绿肥植物和饲料。

分布：香港。

木豆 *Cajanus cajan* (L.) Huth

异名：*Cajanus flavus* DC.、*Cajanus indicus* Spreng.、*Cytisus cajan* L.

鉴别特征：直立灌木。多分枝，小枝有明显纵棱，被灰短柔毛。叶三出，小叶披针形至椭圆形，叶背被灰白色毛。总状花序顶生及生于上部叶腋；花蝶形，黄色，旗瓣背面有紫褐色纵线纹。荚果线状长圆形，种子间具明显凹入的斜横槽。

原产地：南亚。

入侵等级：Ⅳ级，一般入侵。

危害：种子萌发力强，生长扩散迅速，侵占当地植物的生存空间。

利用：种子可食用；根作药用，有清热解毒之功效。

分布：澳门、香港、广州、深圳、珠海、惠州、肇庆、中山、江门。

含羞草山扁豆 *Chamaecrista mimosoides* (L.) Greene

俗名：山扁豆、含羞草决明　　异名：*Cassia angustissima* Lam.、*Cassia mimosoides* L.

鉴别特征：亚灌木状草本。叶柄具圆盘状腺体1枚；偶数羽状复叶有小叶20～50对，小叶对生，线状镰形。花序腋生，1或数朵聚生；花稍两侧对称，花瓣黄色，不等大，具短柄；雄蕊10枚，5长5短相间而生。荚果镰形，扁平。

原产地：美洲。

入侵等级：Ⅲ级，局部入侵。

危害：繁殖速度快，易成片密集生长，侵占当地植物的生存空间。

分布：澳门、香港、广州、深圳、惠州、肇庆、中山。

蝶豆 *Clitoria ternatea* L.

俗名：蝴蝶花豆、蓝花豆、蓝蝴蝶、蝴蝶豆　异名：*Ternatea ternatea* (L.) Kuntze、*Ternatea vulgaris* Kunth

鉴别特征：多年生草质藤本。茎、小枝细弱，被贴伏短柔毛，易脱落。奇数羽状复叶有小叶5～7片，宽椭圆形或有时近卵形。花大，单朵腋生，蓝色、粉红色或白色；花冠蝶形，旗瓣宽倒卵形，中央有一白色或橙黄色浅晕。荚果扁平，具长喙。

原产地：非洲。

入侵等级：Ⅴ级，有待观察。作观赏植物栽培，已逸为野生。

危害：根、种子有毒，误食会出现恶心、呕吐等症状。

利用：可作为绿肥。

分布：澳门、香港、广州、深圳。

三尖叶猪屎豆 *Crotalaria micans* Link

俗名：黄野百合、美洲野百合　异名：*Crotalaria anagyroides* Kunth、*Crotalaria brachystachya* Benth.、*Crotalaria dombeyana* DC.

鉴别特征：草本或亚灌木。茎枝圆柱形，粗壮，密被锈色贴伏毛。叶三出，小叶椭圆形，顶生小叶较大。总状花序顶生；花蝶形，花冠黄色；旗瓣圆形，具胼胝体2枚。荚果长圆形。

入侵等级：Ⅳ级，一般入侵。

原产地：美洲。

危害：种子繁殖能力强，常成片生长，危害当地生物多样性；全草有毒。

分布：香港、广州、深圳。

猪屎豆 *Crotalaria pallida* Aiton

俗名：黄野百合　　异名：*Crotalaria mucronata* Desv.、*Crotalaria obovata* G. Don.、*Crotalaria striata* DC.

鉴别特征：多年生草本或亚灌木。茎枝圆柱形，密被短柔毛。叶三出，小叶长圆形或椭圆形。总状花序顶生；花蝶形，黄色，旗瓣圆形或椭圆形，基部具胼胝体2枚。荚果长圆形，果瓣开裂后扭转。

原产地：非洲。

入侵等级：Ⅳ级，一般入侵。

危害：繁殖能力强，侵占当地植物的生存空间，危害当地生物多样性。

利用：可作药用，有散结、清湿热之功效。

分布：香港、广州、深圳、惠州、肇庆。

光萼猪屎豆 ***Crotalaria trichotoma*** Bojer

俗名：南美猪屎豆、光萼野百合、光萼响铃豆、南美响铃豆 异名：*Crotalaria usaramoensis* Baker f.、*Crotalaria zanzibarica* Benth.

鉴别特征：多年生草本或亚灌木。茎枝圆柱形，被短柔毛。叶三出，小叶长椭圆形，两端渐尖，上面绿色，光滑无毛，下面青灰色，被短柔毛。总状花序顶生；萼片无毛，花蝶形，黄色。荚果长圆柱形。

原产地：非洲。

入侵等级：Ⅳ级，一般入侵。

危害：种子有毒；易成片生长，侵占当地植物的生存空间。

利用：可作药用，具有清热解毒、散结祛瘀之功效。

分布：香港、广州、深圳、东莞、江门。

合欢草 *Desmanthus pernambucanus* (L.) Thell.

俗名：多枝合欢豆　　异名：*Mimosa pernambucana* L.

鉴别特征：多年生亚灌木。幼枝具棱，疏被柔毛，后渐脱落。二回偶数羽状复叶有羽片2～4对，每羽片有小叶9～21对，羽轴叶轴幼时被毛，后渐脱落；叶柄上有1枚腺体。头状花序单生于叶腋，有花4～10朵，上部的两性，下部的雄性；花辐射对称，白色；花瓣5，细小；雄蕊10，显著，长于花瓣。荚果线形。

原产地：美洲。

入侵等级：Ⅴ级，有待观察。

危害：繁殖能力强，枝条蔓生，侵占当地植物的生存空间。

分布：香港、江门。

南美山蚂蟥 *Desmodium tortuosum* (Sw.) DC.

俗名：扭荚山绿豆、南美山蚂蝗　异名：*Hedysarum purpureum* Mill.、*Hedysarum tortuosum* Sw.

鉴别特征：多年生草本或亚灌木。茎自基部开始分枝，圆柱形，被灰黄色小钩状毛或长柔毛。叶三出，顶生小叶菱状卵形，侧生小叶卵形，稍偏斜，近叶缘处弯曲。花序顶生，总状或圆锥状，花2朵生于每节上；花蝶形，红色、白色或黄色。荚果窄长圆形，呈念珠状。

原产地：美洲。

入侵等级：Ⅲ级，局部入侵。

危害：繁殖能力强，常成片密集生长，侵占当地植物的生存空间，降低物种多样性。

分布：澳门、香港、广州、深圳、珠海。

野青树 *Indigofera suffruticosa* Mill.

俗名：假蓝靛　　异名：*Indigofera anil* L.

鉴别特征：直立灌木或亚灌木。茎灰绿色，被平贴丁字毛。奇数羽状复叶有小叶5～9对，长椭圆形或倒披针形。总状花序呈穗状，腋生；花蝶形，淡红色；旗瓣倒阔卵形，外面密被毛，有瓣柄。荚果镰状弯曲。

原产地：美洲。

入侵等级：Ⅳ级，一般入侵。

危害：全草有毒，误食种子会引起头痛、恶心、呕吐等症状。

分布：澳门、香港、广州、惠州、深圳、肇庆。

银合欢 *Leucaena leucocephala* (Lam.) de Wit

俗名：白合欢、灰金合欢　异名：*Acacia leucocephala* (Lam.) F. Dietr.、*Mimosa leucocephala* Lam.

鉴别特征：灌木或小乔木。枝条具褐色皮孔。二回羽状复叶有羽片4～8对，最下1对羽片着生处有1枚黑色腺体；小叶多对，线状长圆形。头状花序1～2个腋生；花白色，辐射对称，花瓣小，雄蕊显著。荚果带状，扁平。

原产地：热带美洲。

入侵等级：Ⅱ级，严重入侵。

危害：种子产量高，植株生长迅速，易扩散；具有化感作用，抑制其他物种生长；叶片含有含羞草素，有一定毒性，长时间饲喂家畜会发生中毒。

利用：可作饲料、燃料和木料。

分布：大湾区各地。

紫花大翼豆 *Macroptilium atropurpureum* (DC.) Urb.

异名：*Phaseolus atropurpureus* DC.、*Phaseolus canescens* M. Martens & Galeotti、*Phaseolus dysophyllus* Benth.

鉴别特征：多年生蔓生草本。茎被短柔毛或茸毛，逐节生根。叶三出，小叶卵形至菱形，侧生小叶偏斜。花成对生于花序轴的每节上，排成总状；花蝶形，深紫色。荚果线形。

原产地：热带美洲。

入侵等级：Ⅳ级，一般入侵。

危害：种子产量高，繁殖迅速，攀爬于其他植物之上，降低当地生物多样性。

利用：适口性好，可作牧草。

分布：澳门、广州、深圳、珠海。

大翼豆 *Macroptilium lathyroides* (L.) Urb.

异名：*Phasellus lathyroides* (L.) Moench、*Phaseolus lathyroides* L.、*Phaseolus semierectus* L.

鉴别特征：多年生草本，有时蔓生或缠绕。茎密被短柔毛。叶三出，小叶狭椭圆形至卵状披针形。花成对生于花序轴的每节上；花蝶形，紫红色，旗瓣近圆形。荚果线形。

原产地：热带美洲。

入侵等级：Ⅳ级，一般入侵。

危害：种子产量高，繁殖迅速，攀爬于其他植物之上，降低当地生物多样性。

利用：适口性好，可作牧草。

分布：澳门、香港、广州、珠海。

南苜蓿 *Medicago polymorpha* L.

俗名：金花菜、黄花草子　　异名：*Medicago apiculata* Willd.、*Medicago denticulata* Willd.、*Medicago lappacea* Desr.

鉴别特征：一二年生草本。茎平卧、斜升或直立，近四棱形。叶三出，小叶倒卵形，叶上部具浅锯齿。花序头状伞形，腋生，具花数朵；花蝶形，黄色。荚果盘形，螺面，有多条辐射状脉纹，具棘刺或瘤突。

原产地：非洲、欧洲、中亚。

入侵等级：V级，有待观察。

危害：根系发达，繁殖能力强，易抢占当地植物的生长空间。

利用：可作药用，有清热利湿、舒筋活血之功效；嫩叶营养价值高，可作饲料。

分布：广州。

光荚含羞草 ***Mimosa bimucronata*** (DC.) Kuntze

俗名：簕仔树　　异名：*Acacia bimucronata* DC.、*Mimosa sepiaria* Benth.、*Mimosa stuhlmanii* Harms

鉴别特征：落叶灌木。小枝具疏刺，密被黄色茸毛。二回羽状复叶有羽片4～8对，羽片对生，小叶片线形。头状花序球形，在枝顶排成松散的圆锥花序；花辐射对称，白色；花瓣小，雄蕊显著，突出。荚果带状，劲直。

原产地：南美洲。

入侵等级：Ⅰ级，恶性入侵。列入《中国自然生态系统外来入侵物种名单》(第四批)。

危害：生长迅速，繁殖能力强，传播范围广，能够在较短时间内形成单优势种群落，排挤当地物种。

分布：大湾区各地。

巴西含羞草 *Mimosa diplotricha* C. Wright

鉴别特征：亚灌木状草本。茎攀缘或平卧，五棱状，沿棱密生钩刺。二回羽状复叶有羽片5～8对，每一羽片有小叶20～30对，总叶柄及叶轴有钩刺数列。头状花序生于叶腋；花辐射对称，紫红色；花瓣小，雄蕊显著，突出。荚果长圆形，边缘及荚节有刺毛。

原产地：美洲。

入侵等级：Ⅱ级，严重入侵。

危害：繁殖能力强，侵占当地植物的生长空间，同时是一些田间害虫的宿主，危害极大。

分布：大湾区各地。

无刺含羞草 ***Mimosa diplotricha*** var. ***inermis*** (Adelb.) Veldkamp

俗名：无刺巴西含羞草、毒死牛　　异名：*Mimosa invisa* var. *inermis* Adelb.

鉴别特征：形态与原变种相似，但茎、叶柄、荚果上无钩刺。

原产地：美洲。

入侵等级：Ⅱ级，严重入侵。

危害：与原变种相似。

分布：香港、广州、深圳、肇庆、珠海、中山。

含羞草 *Mimosa pudica* L.

俗名：怕羞草、害羞草、怕丑草、知羞草

鉴别特征：亚灌木状草本。茎披散，多分枝，散生钩刺及刺毛。二回羽状复叶有羽片2对，小叶多数。头状花序近球形，1至数个生于叶腋；花辐射对称，花瓣小，花丝显著，淡紫红色。荚果3～5节，边缘疏生刚毛。

原产地：热带美洲。

入侵等级：Ⅱ级，严重入侵。

危害：繁殖能力强，扩散速度快，侵占当地植物的生存空间；全株含微量的含羞草碱，有毒。

利用：小叶受刺激之后感应闭合，栽培供观赏；全草药用，有安神镇静之功效。

分布：大湾区各地。

翅荚决明 *Senna alata* (L.) Roxb.

俗名：翅果决明、有翅决明、翅荚槐　　异名：*Cassia alata* L.、*Herpetica alata* (L.) Raf.

鉴别特征：直立灌木。一回偶数羽状复叶有小叶6～12对，小叶倒卵状长圆形。总状花序生于分枝上部叶腋；花近辐射对称，花瓣5，黄色，开花时不甚张开。荚果长带状，两果瓣中央有一自顶部直贯基部的纵翅。

原产地：热带美洲。

入侵等级：Ⅳ级，一般入侵。作为观赏灌木引入，已逸为野生。

危害：常在荒地、疏林、田边大片生长，侵占当地植物的生存空间。

利用：种子有驱蛔虫之功效。

分布：大湾区各地。

望江南 ***Senna occidentalis*** (L.) Link

俗名：黎茶、羊角豆、狗屎豆、野扁豆　　异名：*Cassia occidentalis* L.

鉴别特征：亚灌木或灌木。偶数羽状复叶有小叶4～5对，小叶卵形，顶端渐尖；叶柄基部有1枚褐色圆锥形的腺体。花数朵组成伞房状的总状花序，腋生及顶生；花近辐射对称，花瓣5，黄色。荚果长圆柱形。

原产地：美洲。

入侵等级：Ⅳ级，一般入侵。

危害：全株有毒，误食可中毒致死。

利用：全株药用，用于治疗胃病及哮喘；鲜叶捣碎外敷可治毒虫咬伤。

分布：澳门、香港、广州、深圳、肇庆、珠海、江门、中山。

刺田菁 ***Sesbania bispinosa*** (Jacq.) W. Wight

俗名：多刺田菁　　异名：*Coronilla aculeata* Willd.、*Sesbania aculeata* (Willd.) Pers.

鉴别特征：多年生草本或亚灌木。枝圆柱形，疏生扁小皮刺。偶数羽状复叶有小叶20～40对，小叶线状长圆形，两面密生紫褐色腺点；叶轴下方疏生皮刺。总状花序生于枝端叶腋，具花2～6朵，总花梗常具皮刺；花蝶形，黄色，旗瓣外面有红褐色斑点。荚果深褐色，圆柱形。

原产地：亚洲。

入侵等级：V级，有待观察。

危害：植株高大，常成片密集生长，侵占当地植物的生存空间。

分布：澳门、香港、广州、深圳、珠海。

田菁 ***Sesbania cannabina*** (Retz.) Poir.

俗名：向天蜈蚣　　异名：*Aeschynomene cannabina* Retz.

鉴别特征：一年生草本。偶数羽状复叶有小叶20～40对，小叶线状长圆形；叶轴无刺。总状花序生于枝端叶腋，具花2～6朵；花蝶形，黄色，旗瓣外面有紫黑斑点。荚果长圆柱形，外面具黑褐色斑纹。

原产地：南亚。

入侵等级：Ⅲ级，局部入侵。

危害：植株高大，常成片密集生长，侵占当地植物的生存空间。

利用：叶、种子入药，有清热凉血、解毒利尿之功效；茎、叶作绿肥和青饲料。

分布：大湾区各地。

圭亚那笔花豆 *Stylosanthes guianensis* (Aubl.) Sw.

俗名：笔花豆　　异名：*Astyposanthes guianensis* (Aubl.) Herter、*Trifolium guianense* Aubl.

鉴别特征：直立草本或亚灌木。叶具3小叶，小叶卵形、椭圆形或披针形；托叶鞘状。花单生腋内，具苞片；花蝶形，橙黄色，具红色细脉纹。荚果具1荚节，卵形，内弯。

原产地：美洲。

入侵等级：V级，有待观察。

危害：种子数量大，扩散速度快，常成片密集生长，侵占当地植物的生存空间。

利用：可作绿肥、覆盖植物。

分布：澳门、香港、广州、深圳、珠海。

白灰毛豆 *Tephrosia candida* DC.

俗名：短萼灰叶、山毛豆　异名：*Cracca candida* (DC.) Kuntze、*Kiesera candida* (DC.) Reinw.、*Robinia candida* Roxb.、*Xiphocarpus candidus* (DC.) Endl.

鉴别特征：灌木。茎被灰白色茸毛。奇数羽状复叶有小叶8～12对，小叶长圆形，叶密被平伏绢毛。总状花序顶生或侧生；花蝶形，白色，旗瓣外面密被白色绢毛。荚果条形，密被褐色细茸毛。

原产地：南亚。

入侵等级：Ⅲ级，局部入侵。

危害：种子数量大，繁殖速度快，侵占荒地、疏林、田边等空间。

分布：香港、广州、惠州、深圳、肇庆、江门。

红车轴草 *Trifolium pratense* L.

俗名：红三叶　　异名：*Lagopus pratensis* (L.) Bernh.

鉴别特征：多年生草本。茎粗壮，直立或平卧上升。掌状三出复叶，叶柄细长，小叶卵状椭圆形，叶面上常有“V”字形白斑；托叶近卵形，基部抱茎。花序球状或卵状，顶生；花蝶形，紫红色至淡红色。

原产地：非洲、欧洲、亚洲。

入侵等级：V级，有待观察。作为地被植物栽培，已逸为野生。

危害：根系会分泌化感物质，影响其他植物生长。

利用：全草可作绿肥；全草入药，具清热、凉血、宁心之功效。

分布：广州。

白车轴草 *Trifolium repens* L.

俗名：荷兰翘摇、白三叶、三叶草　　异名：*Lotodes repens* (L.) Kuntze

鉴别特征：多年生草本。茎匍匐蔓生，上部稍上升，节上生根。掌状三出复叶，叶柄较长，小叶倒卵形至近圆形，叶面上常有“V”字形白斑。花序球形，顶生；花蝶形，白色。

原产地：非洲、欧洲、亚洲。

入侵等级：Ⅴ级，有待观察。作为地被植物栽培，已逸为野生。

危害：繁殖能力强，常成片密集生长，侵占当地植物的生存空间。

利用：可作牧草和绿肥；药用有清热凉血之功效。

分布：香港、深圳。

圆锥花远志 *Polygala paniculata* L.

俗名：白花远志

鉴别特征：一年生直立草本。植株上部多分枝。叶互生，叶片披针形至线状披针形。总状花序顶生或与叶对生；萼片5，外面3枚小，内面2枚花瓣状；花瓣3，白色，龙骨瓣具多裂的鸡冠状附属物。蒴果长圆形。

原产地：美洲。

入侵等级：Ⅴ级，有待观察。

危害：扩散迅速，易成为草坪杂草。

分布：香港、广州。

大麻 *Cannabis sativa* L.

俗名：火麻、野麻、胡麻、线麻　异名：*Cannabis indica* Lam.、*Cannabis sativa* var. *indica* (Lam.) Wehmer

鉴别特征：一年生直立草本。枝密生灰白色贴伏毛。叶掌状全裂，裂片披针形或线状披针形，中裂片最长，边缘具向内弯的粗锯齿。花单性异株，雄花为疏散大圆锥花序，雌花丛生于叶腋；花黄绿色，小。瘦果为宿存苞片所包。

原产地：中亚。

入侵等级：V级，有待观察。大湾区少见。

危害：农田杂草，大面积生长时可造成农作物减产。

利用：茎皮纤维长而坚韧，可用以织麻布或纺线，制绳索；种子榨油，可供作油漆、涂料等；中医称果实为“火麻仁”或“大麻仁”，入药有润肠作用；叶含麻醉性树脂，可以配制麻醉剂。

分布：广州。

小叶冷水花 *Pilea microphylla* (L.) Liebm.

俗名：透明草　　异名：*Parietaria microphylla* L.

鉴别特征：一年生纤细草本。茎肉质，多分枝。叶小，同对的不等大，叶片倒卵形至匙形。雌雄同株，聚伞花序密集成近头状，有时同序；花小，花被片4，卵形，外面近先端有短角状突起。瘦果卵形，成熟时褐色。

原产地：热带美洲。

入侵等级：Ⅱ级，严重入侵。

危害：生于地面、墙体、岩隙湿润处，密集成片，对生物多样性产生不良影响。

利用：全草入药，有消炎解毒之功效。

分布：大湾区各地。

垂果瓜 *Melothria pendula* L.

俗名：美洲马㼎儿、番马㼎

鉴别特征：一年生草质藤本。茎纤细，攀缘。叶互生，叶片3～5裂或不裂，边缘有疏齿。花单性，雌雄同株；花冠黄色。瓠果具长梗，下垂，长椭圆状球形，成熟时黑色。

原产地：美洲。

入侵等级：Ⅳ级，一般入侵。本种已在香港、深圳蔓延，正在迅速扩散。

危害：密集攀爬于其他植物之上，造成其生长不良或死亡。

分布：香港、广州、深圳、惠州。

短角苦瓜 *Momordica charantia* var. *abbreviata* Ser.

异名：*Momordica charantia* L.

鉴别特征：一年生攀缘藤本，多分枝。卷须纤细，细长，不分歧。叶片轮廓为卵状肾形或近圆形，5～7深裂，边缘具粗齿或有不规则小裂片。雌雄同株；花单生，花冠黄色。果实纺锤形，多瘤刺，成熟后橙黄色，由顶端3瓣裂。种子多数，具红色假种皮。

原产地：热带亚洲。

入侵等级：Ⅳ级，一般入侵。本种在香港较为常见，正在迅速扩散。

危害：密集攀爬于其他植物之上，造成其生长不良或死亡。

分布：香港。

四季秋海棠 *Begonia cucullata* Willd.

俗名：四季海棠、蜕肉秋海棠、玻璃翠

鉴别特征：多年生草本。茎微肉质，无毛。叶互生，叶片卵形或宽卵形，两侧大致对称，基部稍偏斜，边缘有细锯齿和缘毛。花雌雄同株，玫瑰红色至淡红色或白色，数朵排成复二歧聚伞花序。蒴果具略不等大的3翅。

原产地：南美洲。

入侵等级：V级，有待观察。作为观赏花卉栽培，已逸为野生。

危害：生于地面、墙体、岩隙湿润处，排挤当地植物。

分布：大湾区各地，栽培及逸生。

瓦氏秋海棠 *Begonia wallichiana* Lehm.

俗名：毛海棠

鉴别特征：多年生草本。全株被白色柔毛。叶互生，叶片两侧极不对称，轮廓为斜卵形，基部甚偏斜，一侧宽楔形，另一侧耳状，边缘有粗齿。花雌雄同株，白色或边缘淡红色，数朵排成复二歧聚伞花序；雄花花瓣4，外轮2片较大；雌花花瓣5。蒴果具3翅，略等大。

原产地：中美洲。

入侵等级：Ⅴ级，有待观察。作为观赏植物栽培，已逸为野生。

危害：生于地面、墙体、岩隙湿润处，排挤本土植物。

分布：香港，嘉道理农场暨植物园常见。

红花酢浆草 *Oxalis debilis* Kunth

俗名：多花酢浆草、铜锤草、大酸味草　异名：*Oxalis corymbosa* DC.、*Oxalis debilis* var. *corymbosa* (DC.) Lourteig

鉴别特征：多年生草本，地下具球状鳞茎。叶基生，小叶3，扁圆状倒心形，顶端凹入，基部宽楔形。总花梗基生，二歧聚伞花序通常排列成伞形花序式；花瓣5，淡紫色至紫红色。

原产地：南美洲。

入侵等级：Ⅲ级，局部入侵。

危害：营养繁殖能力强，常密集成片生长，侵占当地植物的生存空间。

利用：全草入药，有清热利湿、解毒、散瘀消肿之功效。

分布：大湾区各地。

龙珠果 *Passiflora foetida* L.

俗名：龙眼果、野仙桃、香花果、西番莲　异名：*Granadilla foetida* (L.) Gaertn.、*Tripsilina foetida* (L.) Raf.

鉴别特征：一年生草质藤本。茎柔弱，被平展柔毛。叶互生，叶片宽卵形或长圆状卵形，3浅裂，被丝状伏毛及腺毛。聚伞花序退化为仅存1花，与卷须对生；苞片3枚，羽状分裂，具腺毛；萼片与花瓣各5枚，相似，白色或淡紫色；副花冠由多数白色的丝状体组成。浆果卵球形或球形，成熟时黄色。

原产地：美洲。

入侵等级：Ⅲ级，局部入侵。

危害：攀爬于其他植物之上，排挤当地植物。

利用：果味甜可食；民间作药用，治疗猪和牛的肺部疾病。

分布：大湾区各地。

细柱西番莲 *Passiflora suberosa* L.

俗名：三角叶西番莲、南美西番莲

鉴别特征：一年生草质藤本。茎细弱，四棱形，有纵条纹及白色糙伏毛。叶互生，叶片3浅裂，基部浅心形，叶柄下部有2枚头状腺体。花单生或成对生于叶腋；萼片5枚，绿白色，无花瓣；外副花冠裂片1轮，丝状，内副花冠褶状。浆果近球形，成熟时紫黑色。

原产地：美洲。

入侵等级：Ⅳ级，一般入侵。

危害：攀爬于其他植物之上，造成其生长不良或死亡。

分布：香港、广州。

白苞猩猩草 *Euphorbia heterophylla* L.

俗名：柳叶大戟

鉴别特征：多年生草本。叶互生，叶片卵形至披针形，边缘具锯齿或全缘，两面被柔毛；苞叶与茎生叶同形，较小，绿色或基部白色。花序单生，基部具柄；总苞钟状，边缘5裂；腺体常1枚，偶2枚，杯状；雄花多枚，雌花1枚。蒴果卵球状。

原产地：美洲。

入侵等级：V级，有待观察。

危害：生长迅速，抑制其他植物生长；乳汁毒性强，人体接触后可能产生过敏反应和皮肤炎症。

分布：澳门、广州、深圳、珠海。

猩猩草 ***Euphorbia heterophylla*** var. ***cyathophora*** (Murray) Griseb.

俗名：草一品红、叶上花　　异名：*Euphorbia cyathophora* Murray、*Euphorbia heterophylla* f. *cyathophora* (Murray) Voss

鉴别特征：一年生或多年生草本。茎直立，基部有时木质化，上部多分枝。叶互生，叶片卵状椭圆形，边缘波状分裂或具波状齿或全缘；总苞叶较小，淡红色或仅基部红色。花序单生，数枚聚伞状排列于分枝顶端。蒴果三棱状球形。

原产地：美洲。

入侵等级：Ⅴ级，有待观察。大湾区较少见。

危害：全株有毒，触及乳汁会引起红肿和发炎。

分布：澳门、广州、深圳、东莞、江门。

飞扬草 *Euphorbia hirta* L.

俗名：飞相草、乳籽草、大飞扬　　异名：*Chamaesyce hirta* (L.) Millsp.

鉴别特征：一年生草本。茎单一，被粗硬毛。叶对生，叶片披针状长圆形或长椭圆状卵形；叶面绿色，叶背灰绿色，有时具紫色斑，两面均被柔毛。花序腋生，多数密集成头状。

原产地：美洲。

入侵等级：Ⅱ级，严重入侵。

危害：常成片密集生长，扩散迅速，排挤当地植物；全株有毒，有致泻作用。

利用：可作药用，具清热解毒、利湿止痒、通乳之功效。

分布：大湾区各地。

通奶草 *Euphorbia hypericifolia* L.

俗名：小飞扬草、南亚大戟

鉴别特征：一年生草本。茎直立，自基部多分枝。叶对生，叶片倒卵形至狭长圆形，基部偏斜，边缘全缘或具细锯齿，有时略带紫红色。花序数个簇生于叶腋或枝顶，每个花序的基部具细柄。蒴果三棱状。

原产地：美洲。

入侵等级：Ⅲ级，局部入侵。

危害：扩散迅速，排挤当地植物。

利用：全草入药，有清热解毒、健脾通奶、利水、散瘀止血之功效。

分布：大湾区各地。

备注：本种形态变化较大：幼株的叶大而宽，偶有紫斑，成株的叶小而狭，常被错误鉴定为地锦、斑地锦、紫斑大戟等种类。

斑地锦草 *Euphorbia maculata* L.

俗名：斑地锦　　异名：*Chamaesyce maculata* (L.) Small、*Euphorbia supina* Raf.

鉴别特征：一年生草本。茎匍匐，被白色疏柔毛。叶对生，叶片长椭圆形至肾状长圆形，先端钝，基部偏斜，中部以上常具细小疏锯齿；叶面绿色，中部具长圆形紫色斑点；叶柄极短。花序单生于叶腋，基部具短柄。蒴果三角状卵形。

原产地：北美洲。

入侵等级：Ⅳ级，一般入侵。大湾区较少见。

危害：常成片密集生长，破坏景观的自然性和完整性；全株有毒，对皮肤、黏膜有强烈刺激作用，可引起红肿、发炎。

利用：全草入药，具有止血、清湿热、通乳等功效。

分布：澳门、广州。

匍匐大戟 *Euphorbia prostrata* Aiton

俗名：铺地草　　异名：*Chamaesyce prostrata* (Aiton) Small

鉴别特征：一年生草本。茎匍匐状，自基部多分枝，辐射状伸展，疏被柔毛。叶对生，叶片椭圆形至倒卵形，基部偏斜，叶面绿色，叶背略呈淡红色或红色。杯状聚伞花序1～3个生于叶腋。蒴果三棱状，沿棱脊被柔毛。

原产地：美洲。

入侵等级：Ⅳ级，一般入侵。

危害：扩散迅速，排挤当地植物。

利用：全草药用，具有清热利湿、凉血解毒、催乳等功效。

分布：澳门、香港、广州、深圳、肇庆、珠海。

一品红 *Euphorbia pulcherrima* Willd. ex Klotzsch

俗名：圣诞花、老来娇、猩猩木　　异名：*Poinsettia pulcherrima* (Willd. ex Klotzsch) Graham

鉴别特征：常绿灌木。茎上部极多分枝。叶互生，叶片卵状椭圆形，边缘全缘或波状浅裂；苞叶5～7枚，狭椭圆形，朱红色。花序数个在枝顶排列成聚伞状；总苞坛状，具黄色腺体1枚，二唇状。蒴果三棱状圆形。

原产地：中美洲。

入侵等级：V级，有待观察。作为观赏植物引入，已逸为野生。

危害：乳汁有一定毒性。

利用：全株入药，有调经止血、接骨、消肿之功效。

分布：大湾区各地，栽培及逸生。

绿玉树 *Euphorbia tirucalli* L.

俗名：光棍树

鉴别特征：小乔木。茎老时呈灰色或淡灰色，幼时绿色；小枝肉质，具丰富乳汁。叶互生，长圆状线形，常稀疏生于当年生嫩枝上，很快脱落而呈无叶状态。花序密集于枝顶；雄花数枚，雌花1枚，腺体5枚。蒴果棱状三角形。

原产地：非洲（马达加斯加）。

入侵等级：V级，有待观察。

危害：作为观赏植物引入，已逃逸至海岸沙地，侵占滨海植物的生存空间。

利用：乳汁可提炼人造柴油，药用有催吐之功效。

分布：大湾区各地常见栽培，香港海岸有逸生。

蓖麻 ***Ricinus communis*** L.

俗称：蓖麻子、大麻子

鉴别特征：一年生粗壮草本，在南方呈多年生。小枝、叶和花序通常被白霜，茎多液汁。叶轮廓近圆形，掌状7～11裂，边缘具锯齿；叶柄粗壮，具盘状腺体。花序总状或圆锥状，顶生，后变为与叶对生，雄花生于花序下部，雌花生于花序上部。蒴果卵球形或近球形，密生软刺。

原产地：非洲。

入侵等级：Ⅲ级，局部入侵。

危害：生长迅速，适应性强，易形成单优势种群落，降低当地生物多样性；种子含蓖麻毒素，误食可中毒致死。

利用：种子可榨取蓖麻油，在医药上作缓泻剂，有润肠通便之功效。

分布：大湾区各地，栽培及逸生。

苦味叶下珠 ***Phyllanthus amarus*** Schumach. & Thonn.

异名：*Phyllanthus nanus* Hook. f.、*Phyllanthus swartzii* Kostel.

鉴别特征：一年生草本。茎基部木质化，分枝圆柱状。叶互生，在小枝上排成2列而呈复叶状，叶片长圆形或椭圆状长圆形，先端钝圆。花单性，雌雄同株，雄花生于小枝近轴端，雌花生于小枝先端。花小，萼片5，淡绿色。蒴果扁球形，表面光滑。

原产地：美洲。

入侵等级：Ⅳ级，一般入侵。

危害：繁殖能力强，扩散迅速，常成片生长，侵占当地植物的生存空间。

利用：可作药用，有利水通淋、收敛止痢、清热解毒、杀虫止痒、止咳平喘、祛痰通经、清肝明目之功效。

分布：广州、深圳、珠海。

锐尖叶下珠 *Phyllanthus debilis* J. G. Klein ex Willd.

鉴别特征：一年生草本。茎基部常木质化，上部及小枝具纵棱，无毛。叶互生，在小枝上排成2列而呈复叶状，叶片狭椭圆形至椭圆形，先端锐尖；托叶白色。花单性，雌雄同株，雄花生于小枝近轴端，雌花生于小枝中部以上；花小，萼片6。蒴果球形，表面光滑。

原产地：南亚。

入侵等级：Ⅳ级，一般入侵。

危害：繁殖能力强，扩散迅速，常成片生长，侵占当地植物的生存空间。

分布：广州、深圳、惠州、阳江。

纤梗叶下珠 *Phyllanthus tenellus* Roxb.

鉴别特征：一年生草本。全株无毛。茎直立，基部木质化，上部具纵棱。叶互生，在小枝上疏松排成2列，叶片膜质，阔椭圆形至倒卵形。花单性，雌雄同株，雄花生于小枝近轴端，雌花生于小枝中部以上；花小，萼片5，花梗细长。蒴果扁球状，表面平滑。

入侵等级：Ⅲ级，局部入侵。本种正在大湾区快速扩散。

原产地：非洲及阿拉伯半岛。

危害：繁殖能力强，扩散迅速，常成片生长，侵占当地植物的生存空间。

分布：香港、广州、深圳、惠州。

野老鹳草 *Geranium carolinianum* L.

鉴别特征：一年生草本植物。全株被短柔毛及腺毛。叶有长柄，基生叶密集呈莲座状，早枯，茎生叶互生或上部对生；叶片轮廓为圆肾形，第一回掌状深裂，第二回羽状深裂。花序腋生，或数个集生于枝顶呈伞形状；花5数，花瓣白色或淡紫色。蒴果具长喙。

原产地：北美洲。

入侵等级：V级，有待观察。大湾区分布较少，深圳偶见。

危害：危害农田作物，对除草剂耐性较强，是重要的农田杂草之一。

利用：可作药用，有祛风、收敛、止泻之功效。

分布：深圳。

香膏萼距花 **Cuphea carthagenensis** (Jacq.) J. F. Macbr.

俗名：香膏菜、哥伦比亚萼距花　　异名：*Cuphea balsamona* Cham. & Schltdl.、*Lythrum carthagenense* Jacq.

鉴别特征：一年生草本。茎少分枝，幼枝被黏质短腺毛和硬毛。叶对生，叶片披针形或狭椭圆形，近无柄。花单生于叶腋；花瓣6，等大，紫红色。蒴果长圆形，侧裂。

原产地：热带美洲。

入侵等级：Ⅱ级，严重入侵。

危害：适应能力较强，在农田、河堤、草地等潮湿处均可生长，侵占当地植物的生存空间。

分布：澳门、香港、广州、深圳、惠州、肇庆、阳江。

无瓣海桑 *Sonneratia apetala* Banks

鉴别特征：常绿乔木，有发达的笋状呼吸根。小枝细长而下垂。叶对生，叶片狭椭圆形至披针形。聚伞花序腋生或顶生，有花3～7朵；萼筒浅杯状，裂片4，无花瓣；雄蕊多数，花丝白色，柱头增大呈帽状。浆果近球形。

原产地：孟加拉国、印度、缅甸、斯里兰卡、马来西亚至所罗门群岛等热带亚洲国家的海岸。

入侵等级：Ⅳ级，一般入侵。作为红树植物引入，目前已进行管控。

危害：适应性强、生长迅速，侵占当地红树的生长空间。

分布：香港、深圳、珠海。

翼茎水丁香 *Ludwigia decurrens* Walter

俗名：翼茎水龙

鉴别特征：一年生草本。全株无毛。茎直立，上部多分枝。叶互生，叶片狭披针形；叶无柄，叶片基部下延至茎上形成明显的翼。花单生于叶腋，花瓣4，黄色。蒴果四棱形，具狭翅。

原产地：美洲。

入侵等级：Ⅴ级，有待观察。香港新记录归化种。

危害：侵占湿地生境，排挤当地植物。

分布：香港。

海边月见草 *Oenothera drummondii* Hook.

俗名：海滨月见草、海芙蓉

鉴别特征：一年生至多年生草本，平卧。基生叶呈莲座状，茎生叶互生，叶片两面被曲柔毛与长柔毛。花少数，疏生于茎枝顶端叶腋，通常每日傍晚开一朵花；花瓣4，黄色；柱头深裂成4枚条形裂片。蒴果圆柱状。

原产地：北美洲。

入侵等级：V级，有待观察。

危害：易在海岸沙地形成单优势种群落，侵占当地海滨植物的生存空间。

利用：可作海岸防风固沙、绿化观赏植物。

分布：香港、深圳、惠州。

大花倒地铃 *Cardiospermum grandiflorum* Sw.

鉴别特征：多年生草质藤本。茎蔓细长，被柔毛。二回三出复叶互生，小叶轮廓为三角形，边缘有疏锯齿或羽状分裂。圆锥花序腋生，第一对分枝变态为卷须；萼片4，绿色；花瓣4，白色。蒴果长椭圆形，囊状，膨胀。

原产地：美洲、非洲。

入侵等级：Ⅴ级，有待观察。作为观赏植物引入，已逸为野生。

危害：茎蔓覆盖其他植物，导致其生长不良或死亡，危害当地生物多样性。

利用：植株有泻药、催吐及利尿的作用。

分布：广州有栽培，香港见逸生。

长蒴黄麻 *Corchorus olitorius* L.

俗名：苦麻叶、黄麻叶、食用黄麻、香麻叶

鉴别特征：亚灌木状草本。叶互生，叶片长圆状披针形，边缘有细锯齿。花单生或数朵排成腋生的聚伞花序；花瓣5，黄色。蒴果长圆柱形，具10棱，稍弯曲，顶端有1突起的角。

原产地：非洲、南亚。

入侵等级：V级，有待观察。大湾区少见。

危害：种子量大，繁殖能力强，侵占当地植物的生存空间。

利用：可作药用，具有强壮、改善体虚、消除疲劳之功效。

分布：广州。

脬果苘 ***Herissantia crispa*** (L.) Brizicky

俗名：泡果苘　　异名：*Abutilon crispum* (L.) Medicus

鉴别特征：多年生草本。全株被白色长柔毛。叶心形，先端渐尖，边缘具圆锯齿。花单生叶腋，花梗细长，近端处具节而膝曲；花瓣5，白色至黄色。蒴果球形，膨胀呈泡状。

原产地：美洲。

入侵等级：Ⅴ级，有待观察。大湾区少见。

危害：蒴果随风传播，极易扩散，危害当地生物多样性。

分布：广州。

赛葵 ***Malvastrum coromandelianum*** (L.) Gurcke

俗名：黄花棉、黄花草　　异名：*Malva tricuspidata* R. Br.、*Malvastrum tricuspidatum* (R. Br.) A. Gray

鉴别特征：亚灌木状草本。全株疏被单毛或星状粗毛。叶互生，叶片卵状披针形或卵形，边缘具粗锯齿，叶脉凹陷。花单生于叶腋，花梗短；花瓣5，黄色。蒴果由8～12枚分果爿组成，分果爿肾形，具2芒刺。

原产地：美洲。

入侵等级：Ⅲ级，局部入侵。

危害：侵占当地植物的生存空间，降低当地物种多样性。

利用：可作牧草和饲料；药用有清热利湿、解毒消肿之功效。

分布：大湾区各地。

蛇婆子 *Waltheria indica* L.

俗名：和他草　　异名：*Waltheria americana* L.、*Waltheria makinoi* Hayata

鉴别特征：亚灌木。全株密被银白色星状毛。茎直立或斜升，多分枝。叶互生，叶片卵形或长圆形，边缘有不规则的锯齿。聚伞花序腋生，常2～4个再排成总状；花瓣5，淡黄色。蒴果倒卵球形，密被绢状毛。

原产地：美洲。

入侵等级：Ⅲ级，局部入侵。

危害：适应性强，海边草地、向阳山坡、林缘或路边均可生长，危害当地植物多样性。

利用：根、茎可入药，有祛风利湿、清热解毒之功效。

分布：大湾区各地。

皱子鸟足菜 *Cleome rutidosperma* DC.

俗名：皱子白花菜　　异名：*Sieruela rutidosperma* (DC.) Roalson & J. C. Hall

鉴别特征：一年生草本。叶具3小叶，小叶椭圆状披针形，边缘有具纤毛的细齿。花单生于叶腋；花紫色，花瓣4，中央2片基部有黄斑。果线柱形，表面平坦或微呈念珠状。

原产地：非洲。

入侵等级：Ⅲ级，局部入侵。

危害：常铺散于地面，侵占当地植物的生存空间，已在泛热带地区广泛分布。

分布：香港、深圳、广州。

臭荠 *Lepidium didymum* L.

俗名：芸芥、臭芸芥、臭独行菜　异名：*Coronopus didymus* (L.) J. E. Smith、*Senebiera pinnatifida* DC.

鉴别特征：一年生或二年生草本。全体有臭味。主茎短，基部多分枝；分枝平卧，被白色柔毛。叶一回或二回羽状全裂，裂片3～5对。总状花序腋生；花极小，花瓣白色或无花瓣。短角果肾形，2裂，果瓣半球形。

原产地：南美洲。

入侵等级：V级，有待观察。大湾区少见。

危害：旱地常见杂草，对贫瘠土壤有一定的耐受性，影响作物和当地植物的生长。

分布：深圳、广州。

北美独行菜 *Lepidium virginicum* L.

鉴别特征：一年生或二年生草本。茎单一，多分枝，被腺毛。基生叶倒披针形，羽状分裂；茎生叶倒披针形或线形，边缘有尖锯齿或全缘。总状花序顶生；花白色，花瓣4，十字排列。短角果近圆形，顶端微缺，有窄翅。

原产地：北美洲。

入侵等级：Ⅴ级，有待观察。

危害：路边、农田、荒地杂草，造成作物减产，影响其他植物生长；同时是一些病虫害的中间寄主。

利用：全草可作饲料；种子含油入药，有利尿、平喘之功效。

分布：香港、广州、深圳、珠海、惠州、肇庆、佛山、江门、中山。

豆瓣菜 *Nasturtium officinale* W. T. Aiton

俗名：西洋菜　　异名：*Rorippa nasturtium-aquaticum* (L.) Hayek、*Sisymbrium nasturtium-aquaticum* L.

鉴别特征：多年生水生或湿生草本。茎匍匐或浮水生，多分枝，节上生不定根。奇数羽状复叶互生，小叶长圆形或近圆形，近全缘或微波状，基部不对称；叶柄基部耳状，稍抱茎。总状花序顶生；花白色，花瓣4，十字排列，基部具细爪。长角果圆柱形。

原产地：西亚、欧洲。

入侵等级：Ⅳ级，一般入侵。作为蔬菜引入，已逸为野生。

危害：排挤当地水生及湿生植物，影响当地生物多样性。

利用：作为蔬菜食用；全株作药用，有清热、利尿之功效。

分布：大湾区常见，栽培及逸生。

美洲虾钳菜 *Alternanthera paronychioides* A. St.-Hil.

俗名：华莲子草、星星虾钳菜

鉴别特征：多年生草本。茎平卧，分枝多而密集，幼枝密被柔毛，后渐脱落。叶对生，叶片倒卵形、椭圆形或匙形，背面被柔毛。穗状花序球形，1～3个生于叶腋；花5数，白色，膜质，能育雄蕊5。胞果倒心形。

原产地：热带美洲。

入侵等级：Ⅲ级，局部入侵。

危害：常成片密集生长，形成单优势种群落，侵占当地植物的生长空间。

利用：茎、叶可作家禽饲料。

分布：澳门、香港、深圳、珠海。

空心莲子草 *Alternanthera philoxeroides* (Mart.) Griseb.

俗名：喜旱莲子草、水花生、水蕹菜　　异名：*Achyranthes philoxeroides* (Mart.) Standl.、*Bucholzia philoxeroides* Mart.

鉴别特征：多年生草本。茎基部匍匐，上部斜升。叶对生，叶片长圆形或长圆状倒卵形，全缘。头状花序单生于叶腋，花序梗细长；花被片5，白色，干膜质。

原产地：南美洲。

入侵等级：Ⅱ级，严重入侵。列入《中国外来入侵物种名单》（第一批）。

危害：繁殖速度快，适应能力强，在水陆环境均可生长，导致农作物减产、湿地生物多样性下降。

利用：全草入药，有清热利尿、凉血解毒之功效。

分布：大湾区各地。

刺花莲子草 *Alternanthera pungens* Kunth

异名：*Achyranthes repens* L.、*Alternanthera repens* (L.) Link

鉴别特征：一年生草本。茎披散，平卧，密生伏贴白色硬毛。叶对生，叶片卵形，大小不等，顶端圆钝，有短尖。头状花序1～3个腋生，无总花梗；花被片5，大小不等，外轮2枚披针形，中脉伸出成锐刺。

原产地：南美洲。

入侵等级：Ⅴ级，有待观察。大湾区少见。

危害：植株披散蔓生，常成片密集生长，导致当地植物多样性降低；花被片顶端具尖刺，不易清除。

分布：澳门、广州、香港。

凹头苋 *Amaranthus blitum* L.

俗名：野苋　　异名：*Amaranthus ascendens* Loisel.、*Amaranthus lividus* L.

鉴别特征：一年生草本。茎伏卧上升，基部分枝。叶互生，叶片卵形或菱状卵形，先端凹缺，具芒尖，边缘全缘或稍波状。花簇生叶腋，生于茎、枝上部的形成直立的穗状花序或复聚伞圆锥花序；苞片长圆形，花被片长圆形或披针形。胞果扁卵形，不裂。

原产地：南美洲。

入侵等级：Ⅲ级，局部入侵。

危害：繁殖能力和适应性强，大量生长可危害农作物，为常见杂草。

利用：茎叶可作猪饲料；全草入药，有止痛、收敛、利尿、解热之功效。

分布：大湾区各地。

老鸦谷 *Amaranthus cruentus* L.

俗名：鸦谷、天雪米、繁穗苋　　异名：*Amaranthus paniculatus* L.

鉴别特征：一年生草本。茎具钝棱，近无毛。叶互生，叶片卵状长圆形或卵状披针形，先端尖或圆钝，具芒尖。圆锥花序直立，后下垂，花穗顶端尖；苞片和小苞片钻形，绿色或紫色，背部中脉突出顶端成长芒；花被片膜质，绿或紫色，顶端具短芒。胞果卵形，盖裂。

原产地：中美洲。

入侵等级：V级，有待观察。大湾区较少见。

危害：种子细小多数，繁殖能力强，易侵占农田，与作物竞争。

利用：茎叶可作蔬菜，种子可食用或酿酒。

分布：广州、江门。

绿穗苋 *Amaranthus hybridus* L.

异名：*Amaranthus patulus* Bertol.

鉴别特征：一年生草本。茎多分枝，被柔毛。叶互生，叶片卵形或菱状卵形，具凸尖。圆锥花序顶生，细长，有分枝，中间花穗最长；苞片钻状披针形，伸出成尖芒；花被片长圆状披针形，先端锐尖，具凸尖。胞果卵形。

原产地：美洲。

入侵等级：V级，有待观察。大湾区较少见。

危害：适应能力强，生于田边、水沟、路边等多种生境，侵占当地植物的生存空间。

利用：可作蔬菜食用。

分布：香港、深圳。

反枝苋 *Amaranthus retroflexus* L.

俗名：西风谷、苋菜

鉴别特征：一年生草本。茎直立，单一或分枝，密被柔毛。叶互生，叶片菱状卵形或椭圆状卵形，具小凸尖，两面及边缘被柔毛。圆锥花序顶生及腋生，顶生者较长；苞片钻形，先端伸出成白色尖芒；花被片薄膜质，具凸尖。胞果扁卵形。

原产地：中美洲。

入侵等级：Ⅳ级，一般入侵。列入《中国外来入侵物种名单》（第三批）。

危害：消耗土壤肥力，抑制作物生长，同时是许多病虫害的寄主。

利用：嫩茎叶可作野菜或家畜饲料；全草药用，治腹泻、痢疾、痔疮肿痛等症。

分布：香港、广州、江门。

刺苋 *Amaranthus spinosus* L.

俗名：簕苋菜、竻苋菜

鉴别特征：一年生草本。茎直立，多分枝。叶互生，叶片菱状卵形或卵状披针形，顶端圆钝，具芒尖；叶腋两侧各生有1尖刺。圆锥花序腋生及顶生；部分苞片变形成尖锐直刺；花被片绿色，具凸尖。胞果矩圆形。

原产地：美洲。

入侵等级：Ⅲ级，局部入侵。列入《中国外来入侵物种名单》（第二批）。

危害：旷地及农田常见杂草，危害农作物及当地植物。

利用：茎叶幼嫩时作野菜食用；全草供药用，有清热解毒、散血消肿之功效。

分布：大湾区各地。

皱果苋 *Amaranthus viridis* L.

俗名：绿苋　　异名：*Euxolus viridis* (L.) Moq.

鉴别特征：一年生草本。茎直立，稍分枝。叶互生，叶片卵状长圆形，先端尖凹或凹缺，具芒尖，全缘或微波状，叶面常有“V”字形白斑。圆锥花序顶生，由穗状花序组成，圆柱形，细长；苞片及小苞片披针形，顶端具凸尖；花被片长圆形或宽倒披针形，顶端急尖。胞果扁球形，不裂，皱缩。

原产地：美洲。

入侵等级：Ⅲ级，局部入侵。

危害：田间常见杂草，种子产量高，易传播，适应能力强，在土壤肥力瘠薄的地区也能生长良好，与当地植物竞争生态位。

利用：嫩茎、叶可作野菜食用。

分布：大湾区各地。

土荆芥 ***Dysphania ambrosioides*** (L.) Mosyakin & Clemants

俗名：杀虫芥、臭草、鹅脚草　　异名：*Ambrina ambrosioides* (L.) Spach、*Atriplex ambrosioides* (L.) Crantz、*Blitum ambrosioides* (L.) Beck、*Chenopodium ambrosioides* L.

鉴别特征：一年生或多年生草本。叶互生，叶片长圆状披针形或披针形，边缘具不整齐的大锯齿；上部叶片逐渐狭小而近全缘。花两性或雌性，通常3～5花集成团伞状，再组成腋生的穗状花序；花被通常5深裂，绿色。胞果扁球形，包于宿存花被内。

原产地：美洲。

入侵等级：Ⅲ级，局部入侵。列入《中国外来入侵物种名单》(第二批)。

危害：常成片密集生长，极易扩散，为常见杂草；植株含有毒挥发油，对其他植物产生化感作用；同时是花粉过敏源，危害人体健康。

利用：全草入药，果实可提取土荆芥油，具有驱除肠道寄生虫之功效，外用治皮肤湿疹。

分布：大湾区各地。

银花苋 *Gomphrena celosioides* Mart.

俗名：鸡冠千日红、假千日红

鉴别特征：一年生草本。茎直立或披散，贴生白色长柔毛。叶对生，叶片长圆形或长圆状倒卵形，边缘全缘，具长缘毛，下面密被长柔毛。头状花序顶生，银白色，外形初为球形，后延伸为长圆形；花被片5，花期后变硬。胞果近球形。

原产地：南美洲。

入侵等级：Ⅲ级，局部入侵。作为地被花卉引入，已逸为野生。

危害：入侵草地、绿地，影响景观美感，排挤当地植物。

利用：全草入药，有清热利湿、凉血止血之功效。

分布：澳门、香港、广州、深圳、东莞、惠州、肇庆。

番杏 *Tetragonia tetragonioides* (Pall.) Kuntze

俗名：新西兰菠菜、法国菠菜　异名：*Demidovia tetragonioides* Pall.、*Tetragonia expansa* Murr.

鉴别特征：一年生肉质草本。植株表皮细胞内有针状结晶体，呈颗粒状凸起。茎初直立，后平卧斜升。叶互生，叶片卵状菱形或卵状三角形。花单生或2～3朵簇生于叶腋；花被片3～5裂，常4，内面黄绿色，宿存。坚果陀螺形，具钝棱，有4～5角。

原产地：大洋洲。

入侵等级：Ⅴ级，有待观察。

危害：侵占海岸带，排挤当地海滨植物。

利用：可作蔬菜食用；入药有清热解毒、祛风消肿之功效。

分布：香港、广州。

垂序商陆 *Phytolacca americana* L.

俗名：美洲商陆、见肿消、垂穗商陆　　异名：*Phytolacca decandra* L.

鉴别特征：多年生草本。根粗壮，肥大。茎圆柱形，有时带紫红色。叶互生，叶片椭圆状卵形或卵状披针形。总状花序顶生或与叶对生，花松散排列；花白色，微带红晕。果序下垂，浆果扁球形，紫黑色。

原产地：北美洲。

入侵等级：Ⅳ级，一般入侵。列入《中国自然生态系统外来入侵物种名单》(第四批)。

危害：环境适应性强，生长迅速，有时形成单优势种群落；全株有毒，根和果实尤甚，人和牲畜误食中毒。

利用：全株供药用，治水肿、白带、风湿，并有催吐作用；种子利尿。

分布：广州、深圳、肇庆、中山。

紫茉莉 *Mirabilis jalapa* L.

俗名：晚饭花、野丁香、粉豆　　异名：*Nyctago jalapa* (L.) DC.

鉴别特征：一年生草本。茎直立，圆柱形，多分枝，节稍膨大。叶对生，叶片卵形或卵状三角形，全缘。花常数朵簇生枝端；花冠高脚碟状，紫红色、黄色、白色或杂色，先端5浅裂。瘦果球形，黑色，表面具皱纹，基部具宿存总苞。

原产地：中美洲。

入侵等级：Ⅳ级，一般入侵。作为观赏花卉引入，已逸为野生。

危害：种子和根部具有一定毒性，误食引起中毒；对其他植物有较强的化感作用，影响当地植物生长。

利用：根、叶、种子可供药用，有清热解毒、活血调经之功效。

分布：大湾区各地，栽培及逸生。

落葵薯 *Anredera cordifolia* (Ten.) Steenis

俗名：藤子三七、洋落葵、田三七、藤三七　异名：*Boussingaultia cordifolia* Ten.、*Boussingaultia gracilis* Miers

鉴别特征：多年生缠绕藤本。根状茎粗壮。叶互生，具短柄，叶片卵形至近圆形，基部圆形或心形；叶腋常生小块茎（珠芽）。总状花序腋生，下垂，具多小花。花被片5，白色，渐变黑。少见结果。

原产地：南美洲。

入侵等级：Ⅱ级，严重入侵。列入《中国外来入侵物种名单》（第二批）。

危害：块根、珠芽、断枝均能进行无性繁殖，极易扩散；藤蔓可密集覆盖在其他植物之上，致其生长不良或死亡；植株能分泌化感物质，抑制邻近植物生长。

利用：珠芽、叶、根供药用，有滋补、壮腰膝、消肿散瘀之功效。

分布：大湾区各地，栽培及逸生。

落葵 *Basella alba* L.

俗名：胭脂菜、潺菜、木耳菜　　异名：*Basella rubra* L.

鉴别特征：一年生缠绕藤本。茎肉质，绿色或淡紫红色。叶互生，叶片肉质，卵形至近圆形。穗状花序腋生；花被片下部合生成筒，白色，上部5裂，淡紫红色。果近球形，深红色或黑色，包于宿存的小苞片及花被内，多汁。

原产地：热带亚洲。

入侵等级：Ⅳ级，一般入侵。作为蔬菜引入，已逸为野生。

危害：我国南北各地多有种植，在大湾区海滨地带逸为野生，排挤当地物种；同时是褐斑病、灰霉病的宿主。

利用：叶作蔬菜食用；全草供药用，作缓泻剂；花汁有清血解毒的作用。

分布：大湾区各地，栽培及逸生。

棱轴土人参 *Talinum fruticosum* (L.) Juss.

俗名：棱轴假人参　　异名：*Talinum triangulare* (Jacq.) Willd.

鉴别特征：一年生或多年生草本。主根圆锥形，肉质。茎直立，多分枝，下部圆柱形，花茎部分具纵棱。叶互生，叶片倒披针状长椭圆形，叶面中肋下陷，肉质。总状花序顶生，有时呈圆锥状；花瓣5，粉红色。蒴果近球形。

原产地：美洲。

入侵等级：V级，有待观察。作为观赏植物引入，已逸为野生。

危害：排挤当地植物，对生物多样性有一定影响。

利用：幼嫩茎叶可作蔬菜食用，药用有解热、消肿、通乳之功效。

分布：香港、广州、深圳、惠州。

土人参 ***Talinum paniculatum*** (Jacq.) Gaertn.

俗名：煮饭花、紫人参、假人参　　异名：*Portulaca paniculata* Jacquem.、*Talinum patens* (L.) Willd.

鉴别特征：一年生或多年生草本。主根圆锥形，肉质。茎直立，多分枝。叶互生或近对生，叶片倒卵形或倒卵状长椭圆形，肉质。圆锥花序顶生，常二叉状分枝，花序梗长；花小，花瓣5，粉红色或淡紫红色。蒴果近球形。

原产地：美洲。

入侵等级：Ⅳ级，一般入侵。作为中草药或蔬菜引入，已逸为野生。

危害：排挤当地植物，对生物多样性有一定影响。

利用：根、叶可作蔬菜食用；根为滋补强壮药，有补中益气、润肺生津之功效；叶外用，可消肿解毒。

分布：大湾区各地，栽培及逸生。

毛马齿苋 *Portulaca pilosa* L.

俗名：多毛马齿苋

鉴别特征：一年生或多年生草本。茎密丛生，铺散，多分枝。叶互生，叶片近圆柱状线形，腋内有长柔毛。花常2～5朵簇生于枝顶，围绕以7～9枚轮生的叶和密生的长柔毛；花瓣5，红紫色；雄蕊20～30，花丝洋红色。蒴果卵球形，盖裂。

原产地：美洲。

入侵等级：Ⅴ级，有待观察。

危害：侵占海岸沙滩或砂砾滩，排挤当地海滨植物。

分布：香港、深圳、珠海。

仙人掌 ***Opuntia dillenii*** (Ker Gawl.) Haw.

异名：*Opuntia stricta* var. *dillenii* (Ker-Gawl.) Benson、*Opuntia tuna* (L.) Mill.

鉴别特征：肉质灌木。茎丛生，分枝宽倒卵形、倒卵状椭圆形或近圆形；小窠散生，每小窠具长刺3～10根，并密生短绵毛和倒刺刚毛；刺黄色，粗钻形。叶钻形，早落。花单生于枝上侧至顶端的小窠内；花被片和雄蕊多数，淡黄色。果倒卵球形，基部收窄，顶端凹陷。

原产地：热带美洲。

入侵等级：Ⅳ级，一般入侵。

危害：在大湾区海岸逸为野生，排挤当地海滨植物。

利用：茎可作药用；浆果可食。

分布：大湾区各地常见栽培，深圳（内伶仃岛）、香港（东平洲）逸为野生。

盖裂果 *Mitracarpus hirtus* (L.) DC.

俗名：硬毛盖裂果

鉴别特征：多年生草本。茎下部近圆柱形，上部具棱，多分枝，疏被柔毛。叶对生，无柄；叶片椭圆状长圆形或披针形，下面疏被长柔毛，上面疏被微糙毛。聚伞花序密集成团伞状或头状，簇生于叶腋及顶生；花小，花冠白色，漏斗状，檐部4裂。蒴果近球形。

原产地：美洲。

入侵等级：Ⅲ级，局部入侵。

危害：环境适应性强，侵占海边沙地、路旁湿地、山坡草丛、疏林等多种生境，降低当地生物多样性。

分布：澳门、香港、广州、深圳、惠州、珠海、江门。

巴西墨苜蓿 ***Richardia brasiliensis*** Gomes

鉴别特征：一年生草本。茎匍匐，具糙硬毛。叶对生，叶片卵形、椭圆形或披针形。聚伞花序密集呈头状，簇生于茎和枝顶，花序梗极短；花冠白色，檐部裂片6，盛开时呈星状。分果爿3，椭圆形至倒卵球形，背面隆起，具小乳突到近光滑，腹面有2条平行凹槽。

原产地：南美洲。

入侵等级：Ⅴ级，有待观察。

危害：抑制作物生长，影响生物多样性。

分布：香港。

墨苜蓿 *Richardia scabra* L.

鉴别特征：一年生草本。茎匍匐或近直立，被长硬毛。叶对生，叶片卵形、椭圆形或披针形，两面粗糙，边缘有缘毛。聚伞花序密集呈头状，簇生于茎和枝顶，花序梗极短；花冠白色，檐部裂片6，盛开时呈星状。分果爿长圆形至倒卵形，背面密覆小乳凸和糙伏毛，腹面有1条狭沟槽，基部微凹。

原产地：热带美洲。

入侵等级：Ⅳ级，一般入侵。

危害：环境适应性强，侵占海边沙地、山坡草丛、绿地草坪等多种生境，降低当地生物多样性。

利用：根可药用，有催吐之功效。

分布：澳门、香港、广州、深圳、惠州。

阔叶丰花草 *Spermacoce alata* Aubl.

异名：*Spermacoce latifolia* Aubl.

鉴别特征：多年生草本。茎和枝四棱形，棱上具狭翅，被短硬毛。叶对生，无柄，叶片椭圆形或卵状长圆形，两面被短硬毛。花数朵簇生于叶腋和叶柄间的托叶鞘内，有时顶生；花冠漏斗形，蓝白色至浅紫色，檐部裂片4。蒴果椭圆形至近球形，成熟时从顶端室间开裂。

原产地：南美洲。

入侵等级：Ⅱ级，严重入侵。

危害：繁殖能力强，具有化感作用，常成片密集生长，形成单优势种群落，排挤当地植物。

利用：可作饲料。

分布：大湾区各地。

二萼丰花草 *Spermacoce exilis* (L. O. Williams) C. D. Adams

鉴别特征：一年生草本。茎纤细匍匐，四棱形，棱上有狭翅。叶对生，叶柄极短，叶片卵形或椭圆状长圆形，两面被短毛，后脱落。花多朵簇生于叶腋和叶柄间的托叶鞘内，无花梗；花小，花冠白色，檐部裂片4。蒴果小，近椭圆形。

原产地：热带美洲。

入侵等级：Ⅴ级，有待观察。

危害：侵占沟边、路旁、绿地草坪等生境。

分布：香港、广州、深圳、珠海。

光叶丰花草 *Spermacoce remota* Lam.

鉴别特征：多年生草本或亚灌木。茎近圆柱状至近方形，具槽或脊。叶对生，叶片狭椭圆形至披针形，两面被微柔毛，后脱落。花多朵密集成球状，簇生于叶腋和叶柄间的托叶鞘内；花冠白色，漏斗状，檐部裂片4。蒴果椭圆形。

原产地：热带美洲。

入侵等级：Ⅳ级，一般入侵。

危害：侵占山坡草丛、沟边路旁、林缘村边等受干扰生境，对当地生物多样性产生不良影响。

分布：广州、香港、深圳、惠州。

长春花 *Catharanthus roseus* (L.) G. Don

异名：*Ammocallis rosea* (L.) Small、*Pervinca rosea* (L.) Moench、*Vinca rosea* L.

鉴别特征：多年生草本或亚灌木。叶对生，叶片倒卵状长圆形或椭圆形，全缘，基部渐狭而成叶柄。花通常单生于叶腋；花冠高脚碟状，红色或白色，檐部裂片5。蓇葖双生，直立。

原产地：非洲（马达加斯加）。

入侵等级：Ⅳ级，一般入侵。作观赏植物引入，已逸为野生。

危害：侵占海边沙地、绿地草坪等生境，危害当地生物多样性。

利用：植株含长春花碱，药用有解毒抗癌、清热平肝之功效。

分布：大湾区各地，栽培及逸生。

原野菟丝子 *Cuscuta campestris* Yunck.

俗名：野地菟丝子、田野菟丝子　　异名：*Cuscuta arvensis* Beyr. ex Engelm.

鉴别特征：一年生寄生草本。茎黄绿色、黄色或橙黄色，缠绕或以吸器攀缘于寄主上；无叶。圆锥花序密集成球状，花序梗极短；花冠短钟形，白色或黄绿色，檐部裂片5，常反折。蒴果球形，下半部被宿存的花冠包围。

原产地：美洲。

入侵等级：Ⅳ级，一般入侵。

危害：恶性寄生杂草，以吸盘吸取寄主植物的营养，造成寄主衰弱或死亡。

利用：种子可入药，有止泻、补肝肾、益精壮阳之功效。

分布：香港、广州、深圳、惠州、阳江。

月光花 *Ipomoea alba* L.

俗名：嫦娥奔月、裂叶月光花　异名：*Calonyction aculeatum* (L.) House、*Calonyction speciosum* Choisy、*Ipomoea tiliacea* (Willd.) Choisy

鉴别特征：一年生草质藤本。叶互生，叶片卵形，基部心形。花单朵腋生，或多朵排列成总状；萼片5，不等大；花冠大，漏斗状，雪白色。蒴果卵形，具锐尖头。

原产地：美洲。

入侵等级：V级，有待观察。作为观赏藤本植物引入，已逸为野生。

危害：攀附能力强，覆盖在其他植物之上，导致其衰弱或死亡。

分布：香港、广州、肇庆有栽培，亦见逸生。

五爪金龙 *Ipomoea cairica* (L.) Sweet

俗名：假土瓜藤、黑牵牛、牵牛藤　异名：*Convolvulus tuberculatus* Desr.、*Ipomoea palmata* Forssk.、*Ipomoea stipulacea* Jacquem.、*Ipomoea tuberculata* (Desr.) Roem. et Schult.

鉴别特征：多年生草质藤本。叶互生，叶片掌状5～7全裂，呈复叶状。花单朵腋生，或数朵排成松散的聚伞花序。花冠漏斗状，紫红色或紫色。蒴果近球形，4瓣裂。

原产地：热带亚洲或非洲。

入侵等级：Ⅰ级，恶性入侵。列入《中国自然生态系统外来入侵物种名单》(第四批)。

危害：缠绕茎具有强大的攀附能力，常覆盖树冠，导致植物无法进行光合作用，枯萎死亡。

分布：大湾区各地。

变色牵牛 ***Ipomoea indica*** (Burm.) Merr.

俗名：寄生牵牛　异名：*Ipomoea cataractae* Endl.、*Ipomoea kiuninsularis* Masam.、*Parasitipomoea formosana* Hayata、*Pharbitis indica* (Burm.) R. C. Fang

鉴别特征：一年生草质藤本。叶互生，叶片卵形或圆形，3裂，背面密被贴伏柔毛，叶面毛较少，基部心形。花数朵组成伞形聚伞花序，花序梗长于叶柄；萼片外面被贴伏的柔毛；花冠漏斗状，蓝紫色，后变红紫色或红色。蒴果近球形。

原产地：热带美洲。

入侵等级：Ⅳ级，一般入侵。

危害：缠绕覆盖于其他植物之上，导致其衰弱或死亡。

分布：香港、广州。

七爪龙 *Ipomoea mauritiana* Jacq.

俗名：山水瓜、野牵牛、五爪薯　　异名：*Ipomoea digitata* L.

鉴别特征：多年生草质藤本。叶互生，叶片通常掌状7深裂。聚伞花序腋生，疏松，具1至多朵花；萼片不等大，外轮2枚，内轮3枚；花冠漏斗状，紫红色，檐部5浅裂。蒴果卵球形，成熟时开裂为4瓣；种子4粒，密被绢状毛。

原产地：不详，可能是热带美洲或非洲。

入侵等级：V级，有待观察。

危害：在大湾区滨海地带攀缘于其他植物之上，影响红树和其他海滨植物生长。

利用：块根可提取淀粉供食用，有健胃之功效。

分布：澳门、香港、广州、深圳、惠州、珠海、中山、肇庆。

牵牛 *Ipomoea nil* (L.) Roth

俗名：裂叶牵牛、大牵牛花、喇叭花　异名：*Ipomoea hederacea* (L.) Jacq.、*Ipomoea scabra* Forssk.、*Ipomoea trichocalyx* Steud.、*Pharbitis nil* (L.) Choisy

鉴别特征：一年生草质藤本。茎上被倒向长硬毛。叶互生，叶片宽卵形或近圆形，3裂，被刚毛和长硬毛。花单朵腋生，或数朵组成伞形聚伞花序，花序梗通常短于叶柄；萼片外面被开展的刚毛；花冠漏斗状，蓝紫色或紫红色，花冠管色淡。蒴果近球形。

原产地：热带美洲。

入侵等级：Ⅲ级，局部入侵。

危害：田边、路旁、果园、荒地等受干扰生境常见杂草，危害农作物和当地植物。

利用：种子可药用，有利尿、化痰、杀虫之功效。

分布：大湾区各地。

圆叶牵牛 *Ipomoea purpurea* (L.) Roth

俗名：紫花牵牛、打碗花、牵牛花　异名：*Convolvulus purpureus* L.、*Pharbitis purpurea* (L.) Bojer

鉴别特征：一年生草质藤本。茎上被短柔毛，杂有长硬毛。叶互生，叶片圆心形或宽卵状心形，通常全缘，偶有3裂，两面被刚伏毛。花单朵腋生，或数朵组成伞形聚伞花序；萼片外面被开展的硬毛；花冠漏斗状，紫红色、红色或白色，花冠管通常白色。蒴果近球形。

原产地：美洲。

入侵等级：Ⅳ级，一般入侵。列入《中国外来入侵物种名单》（第三批）。

危害：缠绕覆盖于其他植物之上，导致其生长不良或死亡。

分布：大湾区各地，栽培及逸生。

茑萝 ***Ipomoea quamoclit*** L.

俗名：金丝线、娘花、五星花、羽叶茑萝　异名：*Quamoclit pennata* Bojer、*Convolvulus pennatus* Desr.

鉴别特征：一年生草质藤本。叶互生，叶片卵形或长圆形，羽状深裂至中脉。花单朵腋生，或数朵组成聚伞花序，花柄在果时增厚成棒状；花冠高脚碟状，深红色，檐部5裂。蒴果卵形，隔膜宿存。

原产地：热带美洲。

入侵等级：Ⅳ级，一般入侵。作观赏植物引入，已逸为野生。

危害：缠绕覆盖于其他植物之上，导致其生长不良或死亡。

分布：大湾区各地，栽培及逸生。

三裂叶薯 *Ipomoea triloba* L.

俗名：小花假番薯、红花野牵牛　　异名：*Convolvulus trilobus* (L.) Desr.、*Ipomoea blancoi* Choisy

鉴别特征：一年生草质藤本。叶互生，叶片宽卵形或近圆形，边缘全缘、波状、有粗齿或3浅裂。聚伞花序呈伞形，疏松，具1至数朵花；花冠漏斗状，淡红色或淡紫红色，檐部5浅裂。蒴果近球形，疏被长硬毛，近顶部毛甚密。

原产地：热带美洲。

入侵等级：Ⅱ级，严重入侵。

危害：繁殖能力与适应性极强，易形成单优势种群落，缠绕并覆盖作物和当地植物，导致其衰弱或死亡。

分布：大湾区各地。

多裂鱼黄草 *Merremia dissecta* (Jacq.) Hallier f.

俗名：七爪牵牛、七裂牵牛、多裂牵牛　异名：*Distimake dissectus* (Jacq.) A. R. Simões & Staples、*Ipomoea dissecta* (Jacq.) Pers.、*Ipomoea sinuata* Ortega

鉴别特征：多年生草质藤本。茎缠绕，被开展的黄色硬毛，具瘤。叶互生，叶片掌状5～7裂，几达基部，裂片边缘具粗齿至不规则羽裂。花通常单朵腋生；花冠漏斗状，白色，喉部紫红色。蒴果球形。

原产地：美洲。

入侵等级：Ⅴ级，有待观察。作为观赏植物引入，已逸为野生。

危害：缠绕覆盖于其他植物之上，若大面积扩散，容易侵占当地物种的生存空间。

分布：香港、深圳、广州、珠海有栽培，亦见逸生。

块茎鱼黄草 *Merremia tuberosa* (L.) Rendle

俗名：木玫瑰　　异名：*Distimake tuberosus* (L.) A. R. Simões & Staples

鉴别特征：多年生草质藤本，下部茎木质化。叶互生，叶片掌状7深裂，裂片阔披针形，边缘全缘。花通常单朵腋生；萼片5，果期增大；花冠漏斗状，黄色。蒴果球形，基部围以木质化的萼片，形似玫瑰，又称木玫瑰。

原产地：热带美洲。

入侵等级：Ⅴ级，有待观察。作为观赏植物引入，已逸为野生。

危害：缠绕覆盖于其他植物之上，若大面积扩散，容易侵占当地物种的生存空间。

分布：香港、深圳、广州有栽培，香港野外见逸生。

洋金花 *Datura metel* L.

俗名：闹羊花、喇叭花、白曼陀罗　　异名：*Datura alba* Nees、*Datura fastuosa* L.

鉴别特征：一年生直立草木，呈亚灌木状。茎基部稍木质化。叶互生或茎上部近对生，叶片卵形或广卵形，边缘有不规则的短齿或浅裂，或者全缘而波状。花单生于枝杈间或叶腋。花萼筒状，果时宿存部分增大成浅盘状；花冠长漏斗状，白色、黄色或浅紫色，檐部扩大成喇叭状，裂片顶端有小尖头。蒴果近球状，疏生粗短刺。

原产地：不详，可能是热带亚洲或美洲。

入侵等级：Ⅳ级，一般入侵。

危害：全株有毒，种子毒性最强；常生于向阳山坡、草地、田边、村旁，对当地的生物多样性产生不良影响。

利用：全株入药，有止咳平喘、止痛镇静之功效；花可作麻醉剂。

分布：大湾区各地，栽培及逸生。

曼陀罗 *Datura stramonium* L.

俗名：醉心花、闹羊花、野麻子、洋金花　异名：*Datura stramonium* var. *tatula* (L.) Torr.、*Datura tatula* L.

鉴别特征：一年生草木或亚灌木状。茎下部木质化。叶互生或上部近对生，叶片广卵形，顶端渐尖，边缘有不规则的波状浅裂，裂片顶端急尖。花单生于枝杈间或叶腋；花萼筒状，果时宿存部分增大并反折；花冠漏斗状，白色或淡紫色，檐部5浅裂，裂片有短尖头。蒴果卵状，生坚硬针刺或有时无刺而近平滑。

原产地：中美洲。

入侵等级：Ⅳ级，一般入侵。

危害：全株有毒，种子毒性最大；常生于向阳山坡、果园、田边、林缘，对当地的生物多样性产生不良影响。

利用：全株入药，有镇痉、镇痛、麻醉的作用；种子可用于杀虫、杀鼠。

分布：广州、深圳、中山。

假酸浆 *Nicandra physalodes* (L.) Gaertn.

俗名：鞭打绣球、冰粉、大千生　　异名：*Atropa physalodes* L.

鉴别特征：一年生草本。茎直立，有棱条，二歧分枝。叶互生，叶片卵形或椭圆形，边缘具粗齿或浅裂。花单生于枝腋而与叶对生；花萼5深裂，裂片顶端尖锐，基部心脏状箭形，有2枚尖锐耳片，果期包围果实；花冠钟状，浅蓝色，檐部5浅裂。浆果球状。

原产地：南美洲。

入侵等级：Ⅳ级，一般入侵。

危害：常生于田边、路边或荒地，排挤当地植物。

利用：全草药用，有镇静、祛痰、清热解毒之功效。

分布：广州、深圳、惠州、珠海、中山。

苦蘵 *Physalis angulata* L.

异名：*Physalis esquirolii* H. Lév. & Vaniot

鉴别特征：一年生草本。茎被疏短柔毛或近无毛，多分枝。叶互生，叶片卵形至卵状椭圆形，全缘或有不等大的牙齿。花单生于叶腋或枝条的分杈处；花萼钟形，果时增大成膀胱状，完全包围浆果；花冠辐状钟形，淡黄色，喉部有紫色斑纹。浆果卵球状。

原产地：美洲。

入侵等级：Ⅳ级，一般入侵。

危害：适应性强，种子量大，发芽率高，发生量大，危害当地植物。

利用：全草入药，具有清热、利尿、解毒、抗炎之功效。

分布：广州、深圳、香港、惠州、中山。

喀西茄 *Solanum aculeatissimum* Jacq.

俗名：狗茄子、苦颠茄、刺茄子　　异名：*Solanum khasianum* C. B. Clarke

鉴别特征：一年生草本或亚灌木。茎、枝和叶柄混生硬毛、腺毛及直刺。叶单生，有时成对，如对生则两叶片大小不等；叶片卵形或阔卵形，边缘不规则浅裂或深裂，两面密被毛，叶脉及叶柄上疏生皮刺。花单生或2～4朵排成总状花序，腋外生；花冠白色，5深裂。浆果球状，成熟时黄色。

原产地：南美洲。

入侵等级：Ⅲ级，局部入侵。列入《中国自然生态系统外来入侵物种名单》(第四批)。

危害：全株含生物碱，未成熟果实毒性较大，人畜误食可致中毒；常生于路边、荒地，有时侵入农田和果园，影响景观，危害农业生产。

利用：果实入药，有祛风止痛、清热解毒之功效。

分布：广州、深圳、珠海、惠州。

备注：有文献认为目前被作为严重外来入侵植物的喀西茄实际上是毛果茄（*Solanum viarum* Dunal），真正的喀西茄在我国少见（刘全儒　等，2020）。由于尚无定论，本书按习惯用法保留原名。

牛茄子 *Solanum capsicoides* All.

俗名：油辣果、大颠茄、刺茄　　异名：*Solanum bodinieri* H. Lév. & Vaniot、*Solanum ciliatum* Lam.

鉴别特征：一年生草本或亚灌木状。茎、枝无毛，具细直刺。叶互生，叶片宽卵形，5～7浅裂或半裂，两面疏被长硬毛，叶脉及叶柄上均具直刺。花单生或2～4朵排成总状花序，生于叶腋生；花冠白色，5深裂。浆果扁球状，成熟时橙红色。

原产地：南美洲。

入侵等级：Ⅲ级，局部入侵。

危害：全株有毒，人畜误食后中毒；常生于路边、荒地，有时侵入农田和果园，影响景观，危害农业生产。

利用：全株入药，有活血散瘀、祛风除湿之功效。

分布：广州、深圳、珠海、惠州、江门、肇庆。

假烟叶树 *Solanum erianthum* D. Don

俗名：天蓬草、臭枇杷、大毛叶　　异名：*Solanum verbascifolium* L.

鉴别特征：小乔木或灌木状。小枝密被白色具柄头状簇茸毛。叶互生，叶片卵状长圆形，全缘，两面密被茸毛，下面毛被较厚。聚伞花序多花，再组成近顶生的圆锥花序；花冠白色，檐部5深裂。浆果球形，黄褐色。

原产地：热带美洲。

入侵等级：Ⅳ级，一般入侵。

危害：植株大型，常生于山坡、果园、田边、林缘，对当地的生物多样性产生不良影响。

利用：根皮入药，有消炎解毒、祛风散表之功效。

分布：澳门、香港、广州、肇庆、惠州、中山。

珊瑚樱 *Solanum pseudocapsicum* L.

俗名：玉珊瑚、假樱桃、珊瑚豆　　异名：*Solanum pseudocapsicum* var. *diflorum* (Vellozo) Bitter

鉴别特征：直立小灌木。茎多分枝，枝条无刺。叶互生，叶片窄长圆形或披针形，全缘或波状。花单生，稀双生或数朵组成短的总状花序，与叶对生或腋外生；花小，花冠白色，5深裂。浆果橙红色。

原产地：南美洲。

入侵等级：Ⅴ级，有待观察。作为观赏植物引入，已逸为野生。

危害：排挤当地植物；果实鲜艳，误食会导致中毒。

利用：根入药，有活血止痛之功效。

分布：香港、广州、深圳、肇庆。

水茄 *Solanum torvum* Sw.

俗名：刺茄、野茄子、金衫扣、山颠茄

鉴别特征：灌木。小枝密被星状毛，后渐变疏，有皮刺。叶互生，叶片卵形至椭圆形，边缘波状或3～5浅裂至半裂，叶脉常生少数皮刺。花序伞房状，腋外生，雄花和两性花同株；花冠白色，辐状，檐部5裂。浆果黄色，光滑无毛。

原产地：美洲。

入侵等级：Ⅱ级，严重入侵。

危害：繁殖能力强，有时成片生长，形成单优势种群落，危害当地生物多样性。

利用：果实有明目之功效；叶捣碎外敷可治疮毒。

分布：大湾区各地。

伏胁花 ***Mecardonia procumbens*** (Mill.) Small

俗名：黄花过长沙舅、黄花假马齿

鉴别特征：多年生草本。茎铺散，分枝四棱形。叶对生，无柄，叶片椭圆形或卵形，边缘具锯齿。花单生于叶腋；萼片具5裂片，外面3裂片较大；花冠筒状漏斗形，黄色，二唇形，内面具红褐色脉纹。蒴果长圆状。

原产地：美洲。

入侵等级：Ⅲ级，局部入侵。

危害：该种正在大湾区快速扩散，常在林缘、路边、草坪成片蔓延，危害当地生物多样性。

分布：香港、深圳、广州。

野甘草 *Scoparia dulcis* L.

俗名：冰糖草、牙害补

鉴别特征：一年生草本或亚灌木状。茎多分枝，枝有棱角及狭翅，无毛。叶对生或3～4枚轮生，叶片菱状卵形至菱状披针形，基部下延至叶柄呈翅状，中部以上有齿。花1～3朵生于叶腋；花小，白色，花冠筒喉部密生白色长柔毛，花冠裂片4。蒴果卵圆形。

原产地：美洲。

入侵等级：Ⅲ级，局部入侵。

危害：荒地、山坡、路旁、海岸沙地常见杂草，危害当地生物多样性。

利用：全株入药，有疏风止咳、清热利湿之功效。

分布：大湾区各地。

轮叶离药草 *Stemodia verticillata* (Mill.) Hassl.

俗名：轮叶孪生花　　异名：*Erinus verticillatus* Mill.

鉴别特征：一年生草本。茎铺散，分枝、叶柄均密被腺毛。叶对生或3叶轮生；叶片宽卵形或卵形，边缘具圆齿状锯齿或重锯齿，两面疏被短柔毛和短腺毛。花单生于叶腋，花梗与花萼密被腺毛；花冠蓝紫色至淡紫色，檐部二唇形。蒴果卵球形至近球形。

原产地：热带美洲。

入侵等级：Ⅳ级，一般入侵。

危害：该种正在大湾区快速扩散，生于路边、绿地、苗圃或果园，侵占当地植物的生存空间。

分布：香港、深圳、广州、肇庆、东莞、珠海。

阿拉伯婆婆纳 *Veronica persica* Poir.

俗名：波斯婆婆纳、肾子草

鉴别特征：一年生或二年生草本。茎铺散，多分枝，密生柔毛。叶对生，叶片卵形或圆形，边缘具钝齿，两面疏生柔毛。花在枝端排成松散的总状花序，苞片互生，花梗细长；花冠蓝色、紫色或蓝紫色，裂片4，下方1枚较窄。蒴果肾形。

原产地：西亚。

入侵等级：Ⅳ级，一般入侵。

危害：常成片密集生长，侵占当地植物的生长空间；同时是多种病虫害的中间宿主，危害作物生长。

分布：香港、深圳、广州、珠海。

圆叶母草 *Lindernia rotundifolia* (L.) Alston

鉴别特征：一年生草本。茎匍匐，节上生根，与叶片两面无毛。叶对生，无柄，叶片宽卵形至近圆形，边缘上部具疏齿。花单生叶腋；花白色，具蓝色斑点，檐部二唇形。蒴果卵球形。

原产地：非洲、南亚。

入侵等级：Ⅳ级，一般入侵。

危害：生于沼泽地、水塘和沟渠边，侵占当地湿生植物的生存空间。

分布：香港、广州、深圳、惠州、阳江。

小花十万错 ***Asystasia gangetica*** **subsp.** ***micrantha*** **(Nees) Ensermu**

异名：*Asystasia micrantha* (Nees) Y. F. Deng & N. H. Xia、*Asystasia intrusa* (Forssk.) Blume

鉴别特征：多年生草本。茎铺散，多分枝，上部斜升，四棱形。叶对生，叶片卵形至椭圆形，全缘或具微小圆齿。总状花序顶生，花偏向花序轴一侧；花近漏斗形，檐部二唇形，白色，5裂，最下瓣中央有紫斑。蒴果长圆形，表面密被短毛，有种子2～3粒，中间缢缩。

原产地：非洲。

入侵等级：Ⅲ级，局部入侵。

危害：结实率高，扩散迅速，常成片密集生长，危害当地生物多样性。

分布：香港、广州、深圳。

鸭嘴花 *Justicia adhatoda* L.

俗名：大驳骨、牛舌兰、野靛叶　异名：*Adhatoda vasica* Nees

鉴别特征：常绿大灌木。枝圆柱状，灰色，有皮孔，嫩枝密被灰白色微柔毛。叶对生，叶片矩圆状披针形至披针形，全缘。穗状花序腋生及顶生，具密集的花，苞片覆瓦状排列；花冠白色或粉红色，内面有紫色条纹，檐部二唇形。蒴果长倒卵形，果瓣近木质。

原产地：南亚。

入侵等级：Ⅴ级，有待观察。作为观赏花卉引入，已逸为野生。

危害：植株大，侵占当地植物的生存空间。

利用：全株作药用，治跌打损伤和刀伤。

分布：澳门、香港、广州、深圳、惠州、肇庆等地有栽培，亦见逸生。

多变拟美花 *Pseuderanthemum variabile* (R. Br.) Radlk.

异名：*Chrestienia elegans* Montrouz.、*Eranthemum variabile* R. Br.

鉴别特征：一年生草本。茎草质，纤细。叶对生，叶片披针形或卵形。总状花序顶生及腋生，花在花序梗上对生；花白色或淡红色，花冠管细长，檐部5裂，下瓣基部散生紫红色斑点；能育雄蕊2枚，伸出花冠。

原产地：大洋洲。

入侵等级：Ⅴ级，有待观察。

危害：常生于苗圃、绿地、路边等地，扩散速度较快，侵占当地植物的生长空间。

分布：香港、深圳、广州。

匍匐半插花 *Strobilanthes reptans* (G. Forster) Moylan ex Y. F. Deng & J. R. I. Wood

俗名：恒春半插花　　异名：*Hemigraphis primulifolia* (Nees) Fern.-Vill.、*Hemigraphis reptans* (G. Forst.) T. Anders. ex Hemsl.

鉴别特征：多年生草本。叶近莲座状排列，具匍匐茎；叶片矩圆形，具长钻形钟乳体，两面被多节刚毛，边缘具浅波状圆齿，背面紫红色。穗状花序顶生，具总花梗，苞片对生，花通常2～3朵叠生于苞腋；花冠白色或淡蓝色，檐部二唇形。

原产地：东南亚至大洋洲。

入侵等级：V级，有待观察。

危害：常生于苗圃、绿地、路边等地，可能随带土苗木扩散，侵占当地植物的生存空间。

分布：香港、深圳、广州。

翼叶山牵牛 *Thunbergia alata* Bojer ex Sims

俗名：翼叶老鸦嘴、黑眼苏珊、黑眼花

鉴别特征：多年生草质藤本。茎缠绕，具2槽，被倒向柔毛。叶对生，叶片卵状箭头形或卵状戟形，边缘具2～3短齿或全缘，两面被柔毛和糙硬毛；叶柄具翼。花单生叶腋；小苞片2，卵形，佛焰苞状包被花萼；花萼杯状，具10枚不等大的小齿；花冠漏斗状，黄色，喉部蓝紫色，有的品种喉部不变色。蒴果扁球形，顶端具长喙，外表被开展柔毛。

原产地：非洲。

入侵等级：Ⅳ级，一般入侵。作为观赏植物引入，已逸为野生。

危害：缠绕覆盖在其他植物之上，导致其生长不良或死亡。

分布：香港、深圳、广州等地有栽培，亦见逸生。

马缨丹 *Lantana camara* L.

俗名：七变花、臭草、五彩花、五色梅

鉴别特征：直立或蔓性的灌木。茎、枝四棱形，生倒钩皮刺。叶对生，叶片卵形至卵状长圆形，两面粗糙，边缘有钝齿。穗状花序短缩呈头状，顶生或生于上部叶腋，花序梗长而粗壮；花冠黄色或橙黄色，开花后逐渐转为深红色。核果球形，成熟时紫黑色。

原产地：热带美洲。

入侵等级：Ⅰ级，恶性入侵。列入《中国外来入侵物种名单》（第二批）。

危害：植株有强烈的化感作用，抑制周围植物生长；茎有刺，易伤人畜；花、叶有毒，人畜误食可导致腹泻、发热。

利用：根、叶、花可作药用，有清热解毒、散结止痛、祛风止痒之功效；提取物可用于驱虫防虫。

分布：大湾区各地。

猫舌草 *Priva lappulacea* (L.) Pers.

俗名：黏毛果

鉴别特征：一年生或多年生草本。茎、枝、叶柄、花萼表面和叶背脉上均生短钩毛。枝四棱形。叶对生，叶片卵状披针形至披针形，两面被糙毛，边缘具粗齿。总状花序顶生，花有短梗；花小，花冠淡紫色，檐部二唇形。果卵形，密被短钩毛和糙毛。

原产地：热带美洲。

入侵等级：V级，有待观察。香港新记录归化种。

危害：生于路边草地，目前数量较少，危害小，但应防止其蔓延。

分布：香港。

假马鞭 *Stachytarpheta jamaicensis* (L.) Vahl

俗名：蛇尾草、蓝草、假败酱、铁马鞭　　异名：*Stachytarpheta indica* Vahl、*Verbena jamaicensis* L.

鉴别特征：多年生草本或亚灌木。茎多分枝，幼枝四棱形，成长枝圆柱形。叶对生，叶片椭圆形至卵状椭圆形，边缘有粗锯齿。穗状花序顶生和生于二叉状分枝之间，细长、直立；花单生于苞片腋内，螺旋状着生；花冠深蓝紫色，檐部5裂。果藏于宿存膜质的花萼内。

原产地：中南美洲。

入侵等级：Ⅲ级，局部入侵。

危害：繁殖和扩散速度快，常成片生长，形成单优势种群落，给当地农业、林业、畜牧业及生态环境带来危害。

利用：全草药用，有清热解毒、利尿通淋之功效。

分布：澳门、香港、广州、深圳、惠州、珠海、中山。

短柄吊球草 ***Hyptis brevipes*** Poit.

异名：*Mesosphaerum brevipes* (Poit.) Kuntze

鉴别特征：一年生草本。茎四棱形，具槽。叶对生，叶片卵状长圆形或披针形，两面疏被具节柔毛，边缘具锯齿。头状花序腋生，球形，花梗短；花萼果时增大，萼齿5，锥尖；花冠白色，檐部二唇形。小坚果卵珠形。

原产地：热带美洲。

入侵等级：Ⅳ级，一般入侵。

危害：生于草地、路旁、荒地，为一般性杂草，排挤当地物种。

分布：澳门、深圳、广州、惠州、东莞、阳江。

吊球草 *Hyptis rhomboidea* M. Martens & Galeotti

俗名：假走马风、四方骨、四俭草、石柳　异名：*Hyptis capitata* Jacq.、*Hyptis decurrens* (Blanco) Epling、*Pycnanthemum decurrens* Blanco

鉴别特征：一年生草本。茎四棱形，具槽。叶对生，叶片披针形，两面疏被短硬毛，下面沿脉疏生柔毛，边缘具锯齿。头状花序腋生，球形，总梗长；花萼果时增大，萼齿5，锥尖；花冠乳白色，檐部二唇形。小坚果长圆形。

原产地：热带美洲。

入侵等级：Ⅴ级，有待观察。大湾区较为少见。

危害：生于草地、路旁、荒地，为一般性杂草，排挤当地物种。

分布：澳门、广州、江门。

山香 ***Mesosphaerum suaveolens*** (L.) Kuntze

俗名：臭草、假藿香、药黄草、山薄荷　异名：*Ballota suaveolens* L.、*Hyptis suaveolens* (L.) Poit.

鉴别特征：一年生草本，全株有香味。茎粗壮，多分枝，与叶柄、花萼均被长柔毛及腺毛，幼时毛较密。叶对生，叶片卵形或宽卵形，边缘具细齿，两面疏被柔毛。聚伞花序有花2～5朵，单生或再组成总状或圆锥花序式；花萼钟状，花后增大，萼齿5，芒状；花冠蓝色，檐部二唇形。

原产地：热带美洲。

入侵等级：Ⅳ级，一般入侵。

危害：生于草地、路旁、荒地，排挤当地物种。

利用：可作药用，有散瘀、止痛和祛风之功效。

分布：澳门、香港、广州、深圳、珠海、东莞、佛山、惠州、肇庆。

罗勒 ***Ocimum basilicum*** L.

俗名：九层塔、小叶薄荷、薄荷树　　异名：*Ocimum basilicum* var. *majus* Benth.

鉴别特征：一年生草本，全株有香气。茎钝四棱形，多分枝。叶对生，叶片卵圆形至卵圆状长圆形，边缘疏生浅齿或近全缘。总状花序顶生，由多数轮伞花序组成；花萼钟状，果时增大，萼齿5，先端具刺尖；花冠白色至淡紫色，檐部二唇形。小坚果长圆形。

原产地：热带亚洲。

入侵等级：V级，有待观察。作为香料植物引入，已逸为野生。

危害：入侵苗圃、果园、草地，排挤当地物种。

利用：全草含芳香油，可提取香精，作调香原料；鲜叶可作调味料；药用有疏风解表、化湿和中、行气活血、解毒消毒之功效。

分布：大湾区各地，栽培及逸生。

马醉草 *Hippobroma longiflora* (L.) G. Don

俗名：同瓣草　　异名：*Isotoma longiflora* (L.) C. Presl、*Laurentia longiflora* (L.) Peterm.

鉴别特征：多年生草本。叶互生，叶无柄或具短柄，叶片倒披针形或椭圆形，边缘具粗大波状齿。花单朵腋生；萼片5，裂片线形，边缘具小齿；花冠白色，花冠管细长，檐部5深裂。蒴果卵球形，具10肋，顶端具宿存增大的萼裂片。

原产地：美洲（牙买加）。

入侵等级：V级，有待观察。作为观赏植物引入，在香港已逸为野生。

危害：入侵路边、林缘湿润处，排挤当地物种。

分布：香港。

刺苞果 *Acanthospermum hispidum* DC.

鉴别特征：一年生草本，有纺锤状根。茎有明显的节，中部以上二叉状分枝，被白色长柔毛。叶对生，叶片椭圆形或近菱形，中上部有锯齿。头状花序小，顶生或腋生，花序梗短或近无梗；总苞钟形；总苞片2层，外层5枚，草质，长圆状披针形，被长柔毛；内层5～7枚，倒卵状长圆形，基部紧密包裹雌花，顶端具2直刺；雌花5～6朵，花冠舌状，淡黄色，可结实；两性花5～6朵，位于中央，不育。瘦果成熟后倒卵状长三角形，先端有2枚硬刺，表面被钩刺。

原产地：南美洲。

入侵等级：Ⅴ级，有待观察。大湾区少见。

危害：该种在我国云南分布甚广，目前已传播至广东。如大量扩散，会危害果园、苗圃及农田。

分布：深圳。

藿香蓟 *Ageratum conyzoides* L.

俗名：臭草、胜红蓟　　异名：*Ageratum ciliare* L.、*Carelia conyzoides* (L.) Kuntze

鉴别特征：一年生草本。全株揉搓有浓烈气味。茎粗壮，被白色短柔毛或上部长茸毛。叶对生，有时上部叶互生，叶片卵形、椭圆形或长圆形，边缘具圆锯齿，两面疏被短柔毛。头状花序在茎、枝端排成伞房花序状的聚伞花序；总苞钟形或半球形，总苞片外面无毛，边缘撕裂状；花全部为管状花，花冠白色或淡紫色。瘦果黑褐色，有5～6枚冠毛。

原产地：中美洲（墨西哥）。

入侵等级：Ⅱ级，严重入侵。列入《中国自然生态系统外来入侵物种名单》（第四批）。

危害：繁殖力强，具化感作用，常成片生长，形成单优势种群落，严重危害当地的生物多样性。

利用：全草入药，有清热解毒、消炎止血之功效。

分布：大湾区各地。

熊耳草 *Ageratum houstonianum* Mill.

俗名：心叶藿香蓟、紫花藿香蓟　　异名：*Ageratum mexicanum* Sims

鉴别特征：一年生草本。茎直立，被白色茸毛。叶对生，叶片卵形或三角状卵形，边缘有圆锯齿，两面被白色茸毛。头状花序在茎、枝端排成伞房或复伞房花序；总苞钟形，总苞片外面被柔毛，边缘全缘；花全部为管状花，花冠淡紫色。瘦果黑色，有5～6枚冠毛。

原产地：中美洲。

入侵等级：Ⅲ级，局部入侵。

危害：繁殖力强，常成片生长，形成单优势种群落，危害作物及当地植物。

利用：全草药用，有清热解毒之功效。

分布：大湾区各地。

豚草 *Ambrosia artemisiifolia* L.

俗名：豕草、破布草、艾叶　异名：*Ambrosia artemisiifolia* var. *elatior* (L.) Descourt.、*Ambrosia elatior* L.

鉴别特征：一年生草本。茎上部多分枝，有棱，密被糙毛。叶上面被细短伏毛或近无毛，下面密被短糙毛；下部叶对生，二至三回羽状分裂；上部叶互生，羽状分裂。头状花序单性；雄花序半球形或卵形，具短梗，下垂，在枝顶密集成总状，雄花花冠淡黄色；雌花序无梗，生于雄花序下部叶腋处，单生或2～3朵簇生成团伞状。瘦果倒卵形。

原产地：北美洲。

入侵等级：Ⅴ级，有待观察。列入《中国外来入侵物种名单》（第一批）。大湾区少见。

危害：生命力、竞争力和生态可塑性极强，并能释放化感物质抑制周边植物生长，破坏当地生物多样性；花粉是人类花粉过敏症的主要致病源之一。

分布：肇庆。

白花鬼针草 *Bidens alba* (L.) DC.

俗名：金盏银盘、粘人草、三叶鬼针草　　异名：*Bidens pilosa* L.、*Bidens pilosa* var. *albus* (L.) O. E. Schulz、*Bidens pilosa* var. *radiata* (Sch. Bip.) J. A. Schmidt

---

鉴别特征：一年生草本。茎直立，钝四棱形。茎下部叶片较小，3裂或不分裂，花期萎谢；茎中部叶为三出复叶，有时5～7深裂至羽状复叶；茎上部叶片小，条状披针形，3裂或不裂。头状花序在茎上组成伞房状的聚伞花序；总苞杯形，总苞片7～8片；外围舌状花5～7朵，舌片白色；中央管状花多数，黄色；瘦果具2～4枚芒刺状冠毛，冠毛上具倒刺毛。

原产地：南美洲。

入侵等级：Ⅰ级，恶性入侵。列入《中国外来入侵物种名单》(第三批)。

危害：繁殖能力强，生长速度快，常成片生长，导致周边植物难以生存，降低作物产量，影响当地生物多样性。

利用：民间常用草药，有清热解毒、散瘀活血、拔毒消肿之功效。

分布：大湾区各地。

备注：大湾区的种群，通常具白色舌片，与鬼针草（*Bidens pilosa* L.）的分类关系尚需进一步研究，不同志书将两者混用。

大狼耙草 *Bidens frondosa* L.

俗名：接力草、大狼杷草　异名：*Bidens frondosa* var. *anomala* Porter ex Fernald、*Bidens frondosa* var. *caudata* Sherff、*Bidens melanocarpa* Wiegand

鉴别特征：一年生草本。茎直立，多分枝。一回羽状复叶对生，有小叶3～5枚，小叶披针形，边缘有粗锯齿。头状花序单生于茎端和枝端；外层苞片5～10枚，叶状，披针形或匙状倒披针形，大小不一；内层苞片小，围成钟状或半球形总苞；舌状花不发育，全部为筒状花，花两性。瘦果扁平，顶端芒刺2枚，有倒刺毛。

原产地：北美洲。

入侵等级：V级，有待观察。列入《中国自然生态系统外来入侵物种名单》(第四批)。大湾区少见。

危害：根系发达，繁殖能力强，易形成单优势种群落，导致作物减产，生物多样性降低。

利用：全草可入药，有补虚清热之功效。

分布：广州。

飞机草 ***Chromolaena odorata*** (L.) R. M. King & H. Rob.

俗名：香泽兰　　异名：*Eupatorium odoratum* L.

鉴别特征：多年生草本，亚灌木状。分枝粗壮，常对生，水平直出。叶对生，叶片卵状三角形，粗糙，被长柔毛及红棕色腺点，基出三脉。头状花序在茎、枝端排成伞房状或复伞房状；总苞圆柱形，约有小花20朵；花全部为两性管状花，白色或粉红色。瘦果黑褐色。

原产地：北美洲。

入侵等级：Ⅱ级，严重入侵。列入《中国外来入侵物种名单》(第一批)。

危害：繁殖力极强，生长速度快，能分泌化感物质，常成片形成单优势种群落，排挤当地植物，降低作物产量，是一强势入侵物种。

利用：全草药用，有散瘀消肿、止血驱虫之功效。

分布：澳门、香港、广州、深圳、珠海、江门。

剑叶金鸡菊 *Coreopsis lanceolata* L.

俗名：剑叶波斯菊、大金鸡菊

鉴别特征：多年生草本，有纺锤状根。基生叶成对簇生，呈莲座状，有长叶柄，不分裂，叶片匙形或线状倒披针形；茎中部叶不分裂或3深裂，裂片长圆形或条状披针形；茎上部叶无柄，不分裂，叶片条形或条状披针形。头状花序单生于茎、枝端，再排成伞房花序状的聚伞花序；总苞钟形；外围舌状花一层，舌片黄色，先端具不规则浅齿；中央管状花多数，黄色。瘦果圆形或椭圆形。

原产地：北美洲。

入侵等级：Ⅳ级，一般入侵。作为观赏花卉引入，已逸为野生。

危害：繁殖能力强，生长速度快，降低土壤肥力，危害作物和草坪生长。

分布：大湾区各地常见栽培，广州、深圳、肇庆有逸生。

秋英 *Cosmos bipinnatus* Cav.

俗名：大波斯菊、波斯菊、格桑花

鉴别特征：一年生或多年生草本。叶对生，叶片二回羽状全裂，小裂片条形或细条形。头状花序单生于茎、枝端，再排成伞房花序状；总苞半球形；外围舌状花少数，舌片紫红色、粉红色或白色，先端有浅齿；中央管状花多数，花冠黄色。瘦果细长圆柱形，具喙，先端有2～3枚短芒刺。

原产地：中美洲（墨西哥）。

入侵等级：Ⅳ级，一般入侵。作为观赏花卉引入，已逸为野生。

危害：常生于荒地、草地、苗圃，侵占当地植物的生存空间。

利用：全草入药，有清热解毒、明目化湿之功效。

分布：大湾区各地，栽培及逸生。

黄秋英 *Cosmos sulphureus* Cav.

俗名：硫磺菊

鉴别特征：一年生或二年生草本。叶对生，叶片二至三回羽状深裂，小裂片披针形或椭圆形。头状花序单生于茎、枝端，再排成伞房花序状；总苞半球形；外围舌状花少数，舌片金黄色或橘黄色，先端有钝齿；中央管状花多数，花冠黄色。瘦果细长圆柱形，具喙，先端有2～3枚短芒刺，芒刺上具倒刺毛。

原产地：中美洲。

入侵等级：Ⅳ级，一般入侵。作为观赏花卉引入，已逸为野生。

危害：常生于荒地、草地、苗圃，侵占当地植物的生存空间。

分布：大湾区各地，栽培及逸生。

野茼蒿 ***Crassocephalum crepidioides*** (Benth.) S. Moore

俗名：冬风菜、假茼蒿、草命菜　　异名：*Gynura crepidioides* Benth.

鉴别特征：一年生草本。茎直立，不分枝或少分枝，具纵条纹，疏被短柔毛或近无毛。叶对生，叶片椭圆形或长圆状椭圆形，边缘有不规则疏锐齿或重锐齿，有时下部羽状分裂。头状花序数个在茎端排成伞房状；总苞钟状，总苞片1层；小花全部为两性管状花，花冠呈红褐色或橙红色。瘦果狭圆柱形。

原产地：热带非洲。

入侵等级：Ⅱ级，严重入侵。

危害：通常危害果园及菜地，多沿道路及河岸蔓延，还经常入侵火烧地或砍伐迹地，严重威胁农作物生产和当地植物生存。

利用：嫩茎、嫩叶可食用；全草入药，有健脾、消肿之功效。

分布：大湾区各地。

鳢肠 ***Eclipta prostrata*** (L.) L.

俗名：墨汁草、墨旱莲、墨莱、旱莲草、野万红、黑墨草　异名：*Eclipta alba* (L.) Hassk.、*Eclipta patula* (DC.) Endl.

鉴别特征：一年生草本。茎直立、斜升或平卧，自基部分枝，被平伏糙毛。叶对生，近无柄，叶片长圆状披针形或披针形，边缘有细锯齿，两面密被长硬毛。头状花序单生于茎、枝端或叶腋；总苞浅钟状，总苞片1层；外围舌状花2层，雌性，舌片白色；中央管状花多数，两性。瘦果暗褐色，舌状花的瘦果三棱形，两性花的瘦果扁四棱形。

原产地：美洲。

入侵等级：Ⅲ级，局部入侵。

危害：农田主要杂草之一，威胁农作物生产和当地植物生存。

利用：全草入药，有止血、消肿之功效。

分布：大湾区各地。

白花地胆草 *Elephantopus tomentosus* L.

俗名：牛舌草　　异名：*Elephantopus bodinieri* Gagnep.

鉴别特征：多年生草本。茎直立，多分枝，被白色长柔毛，有腺点。基生叶花期常萎谢，茎下部叶片长圆状倒卵形，上部叶椭圆形，全部叶的下面密被长柔毛和腺点，上面被短柔毛，边缘具锯齿。头状花序先在茎、枝端密集成复头状花序，再排成聚伞花序；复头状花序基部为3枚卵状心形的叶状苞片所托；头状花序有管状花4朵，花冠白色。瘦果长圆柱形，具10条纵肋。

原产地：北美洲。

入侵等级：Ⅴ级，有待观察。

危害：生于山坡草丛、林缘或路边，侵占当地植物的生长空间。

利用：全草入药，有清热解毒、消肿利尿之功效。

分布：大湾区各地。

败酱叶菊芹 *Erechtites valerianifolius* (Link ex Spreng.) DC.

俗名：菊芹、裂叶菊芹　　异名：*Senecio valerianifolius* Link ex Sprengel

鉴别特征：一年生草本。茎直立，具纵条纹。叶互生，叶片长圆形至椭圆形，边缘有不规则的重锯齿或羽状深裂，上部叶渐小。头状花序在茎端和上部叶腋排成圆锥状的聚伞花序；总苞圆柱状钟形；花小，多数，淡紫红色，外围花雌性，中央花两性。瘦果圆柱形。

原产地：中、南美洲。

入侵等级：Ⅳ级，一般入侵。

危害：生于田边、林缘或路旁，侵占当地植物的生长空间。

分布：香港、广州、深圳、肇庆、惠州、江门。

一年蓬 *Erigeron annuus* (L.) Pers.

俗名：治疟草、千层塔　　异名：*Aster annuus* L.、*Erigeron heterophyllus* Muhl. ex Willd.、*Stenactis annua* Cass.

鉴别特征：一年生或二年生草本。茎上部分枝，被长硬毛。叶互生，基生叶与茎下部叶长圆形、宽卵形或倒卵形，边缘具疏锯齿；茎中部叶长圆状披针形或披针形，边缘具疏锯齿或全缘；茎上部叶片条形，全缘。头状花序在茎、枝端排成圆锥花序状的聚伞花序；总苞钟形，总苞片3层；外围舌状花2层，白色或淡蓝色；中央管状花多数，黄色。

原产地：北美洲。

入侵等级：Ⅳ级，一般入侵。列入《中国外来入侵物种名单》(第三批)。由北方地区扩散至大湾区北部。

危害：繁殖力强，瘦果随风扩散，蔓延极快，常形成单优势种群落，危害农田果园，排挤当地植物；花粉易引起部分人群过敏。

利用：全草入药，有清热、解毒、抗疟疾之功效。

分布：广州、深圳、肇庆。

香丝草 *Erigeron bonariensis* L.

俗名：野塘蒿

鉴别特征：一年生或二年生草本。植株灰绿色，茎中部以上分枝，茎、枝密被短柔毛及疏生长柔毛。叶互生，两面密被糙毛；茎下部叶倒披针形或长圆状披针形，边缘具粗齿或浅裂片；茎中部与上部叶倒披针形或条形，边缘具1～2枚浅齿或全缘。头状花序在茎、枝端排成总状或圆锥状的聚伞花序；总苞管形或长钟形，总苞片2～3层；外围雌花多层，花冠白色，无舌片；中央两性花少数，花冠淡黄色。瘦果条状长圆形，冠毛1层，白色。

原产地：中、南美洲。

入侵等级：Ⅳ级，一般入侵。大湾区分散发生。

危害：繁殖能力强，发生量大，威胁农作物生产和当地植物生存；同时是棉铃虫等病虫害的中间宿主。

利用：全草入药，治感冒、疟疾、外伤出血等症。

分布：大湾区各地。

小蓬草 *Erigeron canadensis* L.

俗名：小飞蓬、加拿大蓬、小白酒草　　异名：*Conyza canadensis* (L.) Cronquist、*Leptilon canadense* (L.) Britton、*Marsea canadensis* (L.) V. M. Badillo

鉴别特征：一年生草本。植株绿色，茎直立，具纵棱及条纹，上部帚状分枝，被疏长硬毛。叶互生，两面或仅上面疏被短柔毛；茎下部叶倒披针形，边缘具疏锯齿或全缘；茎中上部叶较小，线状披针形或线形，边缘具1～2枚粗锯齿或全缘。头状花序在茎端排成圆锥状聚伞花序；总苞近管形；外围舌状花多数，雌性，舌片白色；中央管状花少数，两性，淡黄色。瘦果线状披针形，冠毛灰白色，糙毛状。

原产地：美洲。

入侵等级：Ⅲ级，局部入侵。列入《中国外来入侵物种名单》(第三批)。

危害：生长速度快，种子量大，并能分泌化感物质抑制邻近植物生长，威胁农作物生产和当地植物生存。

利用：全草入药，有清热、消炎、止血、消肿之功效。

分布：大湾区各地。

加勒比飞蓬 *Erigeron karvinskianus* DC.

异名：*Erigeron mucronatus* DC.、*Erigeron trilobus* Sond.

鉴别特征：多年生草本或亚灌木。茎披散，多分枝，上部斜升。叶互生，基部和下部叶卵状菱形，三浅裂；茎上部叶狭椭圆形至条形，全缘。头状花序单生于茎、枝端，再排成松散的圆锥状；总苞钟形；外围舌状花多数，雌性，舌片白色，后逐渐变为粉紫色；中央管状花多数，两性，黄色。瘦果线长圆形。

原产地：热带美洲。

入侵等级：V级，有待观察。作为观赏植物栽培，在香港已逸为野生。

危害：根坚韧，茎铺散，侵占当地植物的生存空间。

分布：香港。

苏门白酒草 *Erigeron sumatrensis* Retz.

俗名：苏门白酒菊　　异名：*Conyza sumatrensis* (Retz.) Walker

鉴别特征：一年生或二年生草本。茎直立，具条棱，上部分枝，被灰白色糙短毛。叶密集，两面密被糙短毛；下部叶倒披针形，边缘上部有粗齿；中上部叶渐小，狭披针形或近线形，具齿或全缘。头状花序在茎、枝端排成大而长的圆锥花序；总苞短圆柱状，总苞片3层；外围雌花多数，舌片淡黄色或淡紫色，丝状；中央两性花少数，花冠淡黄色。瘦果线状披针形，冠毛初时白色，后变黄褐色。

原产地：南美洲。

入侵等级：Ⅱ级，严重入侵。列入《中国外来入侵物种名单》（第三批）。

危害：种子数量多，扩散距离远，生长速度快，常成片形成单优势种群落，排挤当地植物，降低作物产量，是一强势入侵物种。

分布：大湾区各地。

牛膝菊 *Galinsoga parviflora* Cav.

俗名：铜锤草、珍珠草、向阳花、辣子草　异名：*Wiborgia parviflora* (Cav.) Kunth

鉴别特征：一年生草本。茎不分枝或自基部分枝，初时被短柔毛及少量腺毛，花期稀疏或脱落。叶对生，两面被白色贴伏的短柔毛，边缘具锯齿；茎下部和中部叶卵形或椭圆状卵形，上部叶通常披针形、略小。头状花序半球形，在茎、枝端排成疏松的伞房花序；总苞宽钟形；外围舌状花4～5朵，雌性，舌片白色；中央管状花多数，两性，花冠黄色。瘦果倒卵状三角形，有纵棱。

原产地：美洲。

入侵等级：Ⅲ级，局部入侵。

危害：繁殖与适应能力强，常成片生长，形成单优势种群落，排挤当地植物，影响作物收成。

利用：全草入药，具止血消炎之功效。

分布：大湾区各地。

裸冠菊 *Gymnocoronis spilanthoides* (D. Don ex Hook. & Arn.) DC.

异名：*Alomia spilanthoides* D. Don ex Hooker & Arnott

鉴别特征：多年生草本。茎直立，不分枝或上部具对生的分枝，具6棱。叶对生，叶片卵形至披针形，有短柄，边缘有粗锯齿。头状花序在茎、枝端排成松散的聚伞花序；总苞半球形，总苞片2层；小花多数，全部为管状花，花冠白色。瘦果5肋，具腺点。

原产地：南美洲。

入侵等级：Ⅴ级，有待观察。

危害：可能随水族馆贸易传入，侵占浅水湿地，影响湿地生态景观。

分布：广州。

微甘菊 *Mikania micrantha* Kunth

俗名：薇甘菊、小花蔓泽兰

鉴别特征：多年生草质藤本，植株有强烈的气味。茎攀缘，细长，多分枝。叶对生，叶片长三角状心形，边缘具浅波状粗锯齿。头状花序在茎、枝端排成伞房或复伞房状的聚伞花序；总苞长管形；花全部为两性管状花，花冠白色或微黄色。瘦果长椭圆形，有纵棱，具灰白色冠毛。

原产地：热带美洲。

入侵等级：Ⅰ级，恶性入侵。列入《中国外来入侵物种名单》(第一批)。

危害：生长速度快，种子量大，茎节可生根进行无性繁殖，并通过化感作用抑制其他植物生长；攀缘缠绕于乔灌木之上，阻碍其进行光合作用继而死亡，是大湾区危害最大的入侵植物。

分布：大湾区各地。

银胶菊 ***Parthenium hysterophorus*** L.

鉴别特征：一年生草本。茎直立，多分枝，具条纹，被短柔毛。叶互生，叶片下面密被柔毛，上面疏被糙毛；下部和中部叶卵形或椭圆形，二回羽状深裂；上部叶羽状深裂，有时指状3裂。头状花序在茎、枝顶端排成开展的聚伞花序；总苞宽钟形，总苞片2层；外围舌状花5朵，雌性，舌片白色；中央管状花多数，两性，白色。瘦果倒卵形，冠毛2枚，膜片状。

原产地：美洲。

入侵等级：Ⅲ级，局部入侵。列入《中国外来入侵物种名单》(第二批)。

危害：繁殖能力强，对其他植物有化感作用，常成片生长，降低当地物种多样性；花粉有毒性，会造成人体皮肤过敏、支气管炎，大量接触易引起皮肤发炎、红肿；植株表面的微细状体亦有毒性。

分布：大湾区各地。

翼茎阔苞菊 ***Pluchea sagittalis*** (Lam.) Cabrera

异名：*Conyza sagittalis* Lam.、*Placus suaveolens* (Vell.) Baill.

鉴别特征：多年生草本，全株有浓厚气味。叶互生，叶片阔披针形，边缘有锐锯齿，叶基部下延至茎上形成明显的翼。头状花序在茎、枝端排成伞房花序状；总苞扁圆柱状；外围雌花多数，花冠细管状，白色；中央两性花少数，花冠管状，紫红色。瘦果呈圆柱形。

原产地：美洲。

入侵等级：Ⅲ级，局部入侵。

危害：种子量大，繁殖能力强，正在大湾区快速扩散，侵占当地物种的生存空间。

利用：全草入药，具祛风除湿、清热解痉之功效。

分布：大湾区各地。

点叶菊 *Porophyllum ruderale* (Jacq.) Cass.

俗名：蓖蓖洛、香蝶菊

鉴别特征：一年生草本。茎直立，多分枝，无毛。叶互生，叶片椭圆形或卵圆形，粉绿色，边缘具波状圆齿。头状花序在茎、枝端排成伞房花序式；总苞细圆柱形，总苞片1层；花全部为两性管状花，花冠黄色。瘦果黑褐色，冠毛灰白色。

原产地：美洲。

入侵等级：Ⅳ级，一般入侵。

危害：种子量大，繁殖能力强，正在大湾区快速扩散，侵占当地物种的生存空间。

分布：香港、深圳、惠州、广州。

假臭草 ***Praxelis clematidea*** (Hieron. ex Kuntze) R. M. King & H. Rob.

异名：*Eupatorium catarium* Veldkamp、*Eupatorium clematideum* Griseb.

鉴别特征：一年生草本。全株被白色长柔毛。叶对生，叶片卵形至宽卵形，边缘具尖锯齿。头状花序在茎、枝端排成伞房花序状的聚伞花序；总苞长管形，总苞片3层；花全部为两性管状花，10朵左右，花冠紫蓝色。瘦果黑色，顶端具一圈白色冠毛。

原产地：南美洲。

入侵等级：Ⅱ级，严重入侵。列入《中国外来入侵物种名单》（第三批）。

危害：繁殖能力强，扩散速度快，并具有较强的化感作用，常成片密集生长，形成单优势种群落，严重影响当地的植物多样性。

分布：大湾区各地。

加拿大一枝黄花 *Solidago canadensis* L.

俗名：麒麟草、幸福草、黄莺、金棒草、一枝黄

鉴别特征：多年生草本。地下有发达的横走根状茎。茎直立，上部不分枝或少分枝。叶互生，叶片披针形或线状披针形，边缘有稀疏锐齿。头状花序小，在花序分枝的上侧着生，形成开展的圆锥状花序；总苞狭钟形；花黄色，外围舌状花雌性，中央管状花两性。瘦果圆柱形，冠毛白色或浅黄色。

原产地：北美洲。

入侵等级：Ⅴ级，有待观察。列入《中国外来入侵物种名单》（第二批）。

危害：繁殖能力极强，可通过种子和根状茎进行繁殖，传播和生长速度快，严重消耗土壤的肥力，危害当地生物多样性；花粉量大，容易导致花粉过敏症。

分布：广州。

裸柱菊 *Soliva anthemifolia* (Juss.) R. Br.

异名：*Gymnostyles anthemifolia* Juss.

鉴别特征：一年生铺地小草本。茎极短，多分枝，平卧。叶聚生于茎基部，呈莲座状，叶片长椭圆形或倒披针形，二至三回羽状全裂。头状花序近球形，无梗，1至数枚集生于茎基部；总苞碟形，总苞片2层；外围雌花多数，无花冠；中央两性花少数，管状，黄色。瘦果倒披针形，扁平，有厚翅，先端有宿存花柱。

原产地：南美洲。

入侵等级：Ⅲ级，局部入侵。

危害：生于荒地、路边、田间、草坪等地的湿润处，危害作物生长，侵占当地植物的生存空间。

利用：全草入药，有清热解毒之功效。

分布：大湾区各地。

南美蟛蜞菊 *Sphagneticola trilobata* (L.) Pruski

俗名：三裂叶蟛蜞菊　　异名：*Wedelia trilobata* (L.) Hitchc.

鉴别特征：多年生蔓生草本。茎多分枝，节略膨大，节上生根。叶对生，叶片两面近无毛，离基三出脉；茎下部与中部的叶椭圆形，3浅裂；茎上部的叶略小，边缘具疏浅锯齿。头状花序生于一侧叶腋；总苞浅钟形，总苞片2层；外围舌状花1层，雌性，舌片黄色；中央管状花多数，两性，花冠黄色。

原产地：热带美洲。

入侵等级：Ⅱ级，严重入侵。

危害：营养繁殖能力强大，并具有强烈的化感作用，常形成单一种群，严重影响生态系统的结构和功能。

分布：大湾区各地。

钻叶紫菀 ***Symphyotrichum subulatum*** (Michx.) G. L. Nesom

异名：*Aster subulatus* Michx.

鉴别特征：一年生草本，有时二年生。茎直立，多分枝。叶互生，叶片上面无毛，下面被短柔毛，后渐脱落；茎下部的叶长圆状披针形，中上部的叶长披针形至线形，上部叶较小。头状花序茎、枝端排成圆锥花序状的聚伞花序；总苞圆柱形；外围舌状花10余朵，雌性，舌片淡紫色或白色；中央管状花少数，两性，黄色。瘦果狭长圆形，冠毛白色。

原产地：北美洲。

入侵等级：Ⅱ级，严重入侵。列入《中国外来入侵物种名单》（第三批）。

危害：繁殖能力和环境适应性强，常成片生长，形成单优势种群落；入侵农田、果园，危害农业生产；侵占浅水湿地，影响湿地生态系统及其景观。

利用：嫩苗、嫩茎叶可作野菜食用，亦可饲喂家禽家畜。

分布：大湾区各地。

金腰箭 *Synedrella nodiflora* (L.) Gaertn.

异名：*Verbesina nodiflora* (L.) Gaertn.

鉴别特征：一年生草本。茎直立，二歧分枝。叶对生，叶片阔卵形至卵状披针形，近离基三出脉，两面被平贴糙毛，下面毛较密；叶柄具狭翅。头状花序常2～6个排成腋生或顶生的复头状花序，花序梗极短；外层总苞片2枚，叶状；内层总苞片数枚，围成管形；外围舌状花1层，雌性，舌片黄色；中央管状花少数，两性，黄色。瘦果二型：舌状花的瘦果扁压，边缘有增厚宽翅，翅缘生撕裂状硬刺，冠毛短刺状；管状花的瘦果狭长，冠毛长刺状。

原产地：热带美洲。

入侵等级：Ⅲ级，局部入侵。

危害：生于旷野、耕地、路旁及宅旁，繁殖力极强，危害农业生产，侵占当地植物的生存空间。

利用：全草入药，有清热解毒之功效。

分布：大湾区各地。

肿柄菊 *Tithonia diversifolia* (Hemsl.) A. Gray

俗名：假向日葵　　异名：*Mirasolia diversifolia* Hemsl.

鉴别特征：一年生至多年生草本。茎基部有时木质化，多分枝，密被短柔毛。叶互生，叶片卵形、卵状三角形或近圆形，3～5深裂，上部叶有时不裂，下面密被短柔毛和腺点，上面粗糙至疏被短柔毛。头状花序单生于茎、枝端；总苞半球形；外围舌状花1层，雌性，舌片黄色；中央管状花多数，两性，黄色。瘦果长椭圆形。

原产地：中美洲。

入侵等级：Ⅲ级，局部入侵。

危害：繁殖能力强，具化感作用，常成片成丛生长，危害入侵地的生物多样性、生态系统和社会经济。

利用：可作绿肥。

分布：澳门、香港、广州、深圳、珠海、东莞、中山。

羽芒菊 *Tridax procumbens* L.

鉴别特征：多年生草本。茎纤细，平卧，节处常生多数不定根，被倒向糙毛或后脱落。叶对生，叶片披针形或卵状披针形，边缘具不规则锯齿，两面被糙伏毛；基生三出脉。头状花序单生于茎、枝端，花序梗细长；总苞钟形；外围舌状花4～5朵，雌性，舌片淡黄色；中央管状花多数，两性，黄色。瘦果陀螺形、倒圆锥形，冠毛羽毛状。

原产地：热带美洲。

入侵等级：Ⅱ级，严重入侵。

危害：繁殖能力强，生长速度快，易蔓延成片，导致周边植物难以生存，降低当地的生物多样性。

分布：大湾区各地。

百日菊 *Zinnia elegans* Jacq.

俗名：百日草、鱼尾菊、节节高　异名：*Tagetes patula* L.、*Tagetes tenuifolia* Cavan.

鉴别特征：一年生草本。茎直立，少分枝，被糙毛或长硬毛。叶对生，叶片宽卵形或长圆状椭圆形，基部半抱茎，边缘全缘，两面粗糙，下面密被短糙毛。头状花序单生于茎、枝端；总苞钟状；外围舌状花1～2层，栽培种有时多层，雌性，舌片深红色、紫色、黄色或白色；中央管状花多数，两性，黄色或橙色。瘦果倒卵形，冠毛短芒状。

原产地：中美洲。

入侵等级：Ⅴ级，有待观察。作为观赏花卉引入，已逸为野生。

危害：入侵山坡草地，排挤当地物种，同时是多种病虫害的宿主植物。

利用：叶和花可入药，有清热化痰之功效。

分布：大湾区各地，栽培及逸生。

南美天胡荽 *Hydrocotyle verticillata* Thunb.

俗名：香菇草、盾叶天胡荽、铜钱草

鉴别特征：多年生草本。茎蔓性，节上生纤维状根。叶自匍匐茎的节上生出，具长柄，叶片盾状，近圆形，边缘波状。花3～10余朵在花序轴上密生成轮，呈伞形花序状；花小，花瓣5，白色。果略呈扁球形。

原产地：美洲。

入侵等级：Ⅲ级，局部入侵。

危害：可通过根茎无性繁殖，生长速度快，形成单优势种群落，侵占浅水湿地或湿润生境，排挤当地湿生植物。

分布：大湾区各地。

细叶旱芹 *Cyclospermum leptophyllum* (Pers.) Sprague ex Britton & P. Wilson

俗名：茴香芹　　异名：*Apium leptophyllum* (Pers.) F. Muell.、*Pimpinella leptophylla* Pers.

鉴别特征：一年生草本。茎多分枝，无毛。叶互生，叶片轮廓为长圆形或长圆状卵形，三至四回羽状多裂，裂片线形。复伞形花序顶生或腋生，无梗；伞形花序有花5～20余朵，花瓣5，白色、绿白色或略带粉红色。果圆心形或圆卵形，具5钝棱。

原产地：中、南美洲。

入侵等级：V级，有待观察。大湾区少见。

危害：常生于草地、田地、沟边湿润处，排挤当地植物，同时是多种病虫害的寄主植物和传染源。

利用：可作药用，具平肝清热、祛风利湿之功效。

分布：广州。

刺芹 *Eryngium foetidum* L.

俗名：刺芫荽、香菜、假香荽

鉴别特征：多年生草本。茎粗壮，上部3～5歧聚伞式分枝。基生叶莲座状，披针形或倒披针形，边缘有骨质锐锯齿；茎生叶着生叉状分枝的基部，对生，不分裂或3～5深裂，边缘有深锯齿，齿尖刺状。伞形花序近头状，着生于茎的分叉处及上部枝条的短枝上；每一花序下有5～7枚叶状苞片；花瓣5，白色或淡绿色。果卵圆形或球形，有鳞状或瘤状突起。

原产地：热带美洲。

入侵等级：Ⅲ级，局部入侵。

危害：常生于草地、路旁、沟边湿润处，排挤当地植物，影响当地生物多样性。

利用：全草入药，利尿、治水肿病与蛇咬伤；嫩叶可食用，味同芫荽。

分布：大湾区各地。

参考文献

陈中义，江红英，2008. 繁殖体压力：一种解释生物入侵的机制 [J]. 长江大学学报（自然科学版），5(4): 79–81.

成艳华，朱建强，刘海，等，2023. 入侵植物紫茎泽兰的肥料资源化利用特征 [J]. 农技服务，40(3): 53–58.

黄辉宁，李思路，朱志辉，等，2005. 珠海市外来入侵植物调查 [J]. 广东园林 (6): 24–27.

蒋奥林，朱双双，陈雨晴，等，2018. 中国香港外来入侵植物 [J]. 广西植物，38(3): 289–298.

蒋谦才，林正眉，李荔，等，2008. 中山市外来入侵植物调查研究 [J]. 广东林业科技，24(2): 54–58.

李建，庄春晓，杨芳芳，等，2023. 深圳市建成区入侵植物特点及其对植物多样性的影响 [J]. 生态学杂志，网络首发.

李警阳，2022. 中山市外来入侵植物生态环境现状调查及生态防护 [J]. 中国资源综合利用，40(10): 130–132.

李振宇，解焱，2002. 中国外来入侵种 [M]. 北京：中国林业出版社.

刘全儒，张勇，齐淑艳，2020. 中国外来入侵植物志：第三卷 [M]. 上海：上海交通大学出版社.

马金双，李惠茹，2018. 中国外来入侵植物名录 [M]. 北京：高等教育出版社.

马伟杰，肖定军，邓松之，2004. 马缨丹叶的三萜类化学成分研究 [J]. 广州化学 (4): 14–19.

舒阳，刘振乾，李丽君，2006. 凤眼莲浸出液对东海原甲藻生长的抑制作用 [J]. 生态科学 (2): 124–127.

王发国，邢福武，叶华谷，等，2004. 澳门的外来入侵植物 [J]. 中山大学学报（自然科学版），43(S1): 105–110.

王国欢，白帆，桑卫国，2017. 中国外来入侵生物的空间分布格局及其影响因素 [J]. 植物科学学报，35(4): 513–524.

王瑞江，2019. 广州入侵植物 [M]. 广州：广东科技出版社.

魏雷，陈鸿生，陈朋，等，2022. 江门市砂质海岸外来入侵植物分析 [J]. 生物安全学报，31(2): 135–140.

吴世捷，高力行，2002. 不受欢迎的生物多样性：香港的外来植物物种 [J]. 生物多样性 (1): 109–118.

徐海根，强胜，韩正敏，等，2004. 中国外来入侵物种的分布与传入路径分析 [J]. 生物多样性 (6): 626–638.

闫小玲，刘全儒，寿海洋，等，2014. 中国外来入侵植物的等级划分与地理分布格局分析 [J]. 生物多样性，22(5): 667–676.

严岳鸿，何祖霞，龚琴，等，2007. 广州的外来植物 [J]. 广西植物，27(4): 570–575.

严岳鸿，何祖霞，佘书生，等，2005. 香港东北角吉澳群岛入侵植物调查 [J]. 植物研究 (2): 242–248.

严岳鸿，邢福武，黄向旭，等，2004. 深圳的外来植物 [J]. 广西植物，24(3): 232–238.

中国植被编辑委员会，1980. 中国植被 [M]. 北京：科学出版社.

CEN Y J, PANG X F, XU C B, et al, 2005. Control effects of Mikania micrantha alcohol extract on citrus red mite Panonychus cirtri [J]. Chinese Journal of Applied Ecology, 16(4): 754–757.

FENG Q W, WANG B, CHEN M, et al, 2021. Invasive plants as potential sustainable feedstocks for biochar production and multiple applications: A review [J]. Resources, Conservation and Recycling, 164(5): 105204.

LONSDALE W M, 1999. Global patterns of plant invasions and the concept of invisibility [J]. Ecology, 80(5): 1522–1536.

THEOHARIDES K A, DUKES J S, 2007. Plant invasion across space and time: factors affecting nonindigenous species success during four stages of invasion [J]. New Phytologist, 176(2): 256–273.

中文名索引

学名索引